シーカヤック自作バイブル

How to make your only one "Sea Kayak"

How to make your only one "Sea Kayak" シーカヤック自作バイブル

シーカヤック各部の名称………4	**第6章 組み立て作業** 45
	シアー材の接着………46
第1章 合板カヤック自作のすすめ 7	サイドパネルの組み立て………46
自作をはじめる前に………12	ボトムパネルの組み立て………47
ステッチ＆グルー工法………16	船体の組み立て………48
	チャインのフィレット………49
第2章 デザインとスケールモデル 21	船内の補強………51
フリープランシステム………22	
	第7章 船体各部の工作 53
第3章 エポキシ樹脂 27	コーミングのレイアウト………54
エポキシ接着剤の調合………28	ロフティング………54
マイクロバルーンの混合………30	重ね合わせ………55
	カッティング………56
第4章 合板のカット及び シアー材の 切り出しとスカーフ 33	デッキビームの製作………56
合板のカットとスカーフ………34	テンプレートの作成………57
クランプパッドの固定方法………37	バルクヘッドの製作………58
シアー材の切り出しとスカーフ………38	
	第8章 デッキの製作 63
第5章 ロフティング（原図） 41	デッキパネルの合わせ位置とデッキの切り出し………64
反りや曲面が出来る法則………42	デッキパネルのスカーフ………65
原図のカッティング………44	デッキ張り作業………66

CONTENTS

第 9 章 **船体の工作** 69
コックピットとコーミング………70
ハッチの作成………72
シアー、チャイン、キールライン………73
バウとトランサムの整形………75

第 10 章 **船体のサンディングと仕上げ** 77
エポキシ、ガラスクロスコーティング………78
船体表面の仕上げ………81

第 11 章 **座席の製作** 87
パーツの切り出しとデザイン………88
フットブレースの製作………92

第 12 章 **フィッティング（艤装）** 93
リフトグリップの製作………94
ロープのフィッティング………95
ハッチの取り付け………97
デッキコード………98

第 13 章 **パドルとスケグも作ろう** 99
ブレードの製作………100
シャフトの製作………101

第 14 章 **カヤック製作に必要な工具とカヤック1艇分の材料と価格** 105

コラム
セルフレスキューの実際………19
ライフジャケット………31
カヤックのグループ製作………103

あとがき………110

How to make your only one "Sea Kayak" シーカヤック自作バイブル

シーカヤック各部の名称

リフトグリップ
運搬する時の持ち手

デッキ
カヤックの上面。用途によって艤装も付けられる

デッキコード
甲板に張ったショックコード。予備のパドルやレスキュー用品を挟んだりする

コーミング
スプレースカートを装着するコックピットのふち

バウ
船の前方、船首

シアーライン
甲板舷側線。デッキパネルとサイドパネルが張り合わされたライン

ハル
船体

チャイン
稜角。ボトムパネルとサイドパネルが張り合わされたライン

シート
お尻の凸部がおさまるように丸くくりぬいた2枚重ねのマットをシートの下に敷いておくと、ホールド性が向上して快適。自分に合ったアレンジで

ボトム
船底

コックピット
着座スペース、いわゆるパドルを操る操縦席

スターンハッチ
船尾側の開口部。ハッチ内にはバルクヘッド(隔壁)による気室があり、沈しても一気に水が入らず沈みにくい構造。気室には荷物を入れられる

ライフライン
安全備品。沈(ちん)したときの手掛かりになる

シアーライン

スケグ
艇の安定性を高めるため船底に付けられたフィン。サーフボードのフィンや弓矢の羽根と同じ役目を果たす

スターン
船の後方、船尾

How to make your only one "Sea Kayak" シーカヤック自作バイブル

第 1 章　合板カヤック自作のすすめ

How to make your only one "Sea Kayak" シーカヤック自作バイブル

軽量な合板シーカヤックは女性パドラーにもやさしく扱えます

第 1 章　合板カヤック自作のすすめ

How to make your only one "Sea Kayak" シーカヤック自作バイブル

上／左右に倒し復元力をチェックします。安全性は抜群です　下／出艇も極めてスムース

第 1 章　合板カヤック自作のすすめ

上／ゆっくり接岸してビーチへ上陸　下／カヤックの安全備品一式です

11

自作を始める前に

カヤックの種類

　カヤックの原型はカナダ北極海の先住民族イヌイット（エスキモー）が、海上での狩猟用に進化させた皮製の小船です。

　イヌイットたちはこのカヤックで、凍てつく北極海の荒海の中、トドやセイウチ、鯨を追い回し、首尾よく射止めれば獲物を引いて持ち帰りました。この狩猟に使用されたカヤックは、耐航性能、運動性能が極めて高い小船といえるでしょう。

　現代のカヤックを大別すると、リバーカヤックとシーカヤックの二種類に分けることができます。

　シーカヤックは細身で、長い船型になっていて、スピードと直進性に優れています。適度な荷室があれば、クルージングも可能です。

　それにくらべると、リバーカヤックは、その名の通り川用のカヤックです。基本的には川下り用で、川の急流に点在する岩や障害物を瞬時に回避するため、全長を短くし、スピードより進行方向をキビキビと変えやすい回転性能に重点を置いて設計されています。ヘルメットをかぶり、急流を自在に下る勇姿を、時折り、テレビのコマーシャルなどで見かけます。

　というところで我々が目指すのは、よりイヌイットタイプに近いシーカヤックです。

カヤックの魅力

　カヤックには多くの利点があります。思いつくままに列記してみましょう。

①スポーツとしての運動効果が高い

　パドリングは有酸素運動であり全身運動です。数時間も漕げば全身の筋肉はパンパンになります。そして何よりも素晴らしいのは、シンプルな左右均等の運動であるこ

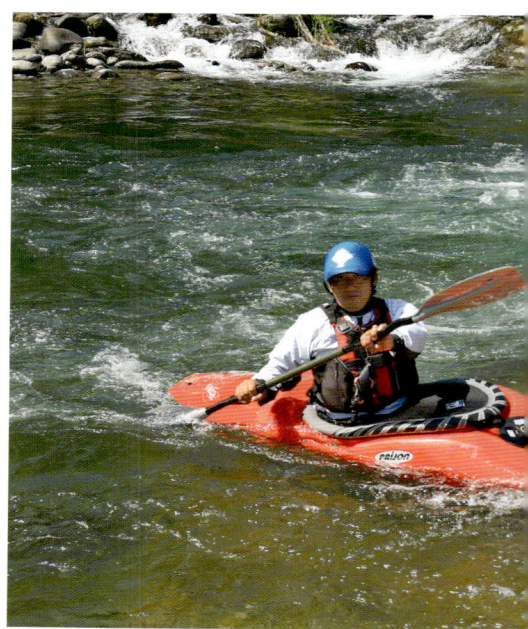

第 1 章　合板カヤック自作のすすめ

> **POINT**
> カヤックの材料・重量別推定価格＝ポリエチレン製：約25キロ、20万円前後／FRP（ガラス繊維強化プラスチック）製：約20キロ前後、30万円前後／カーボンファイバー製：約15キロ、50万円超／自作耐水合板製：慎重に作れば15キロ程度、3万円。

上／シーカヤックは細身で長く、スピードと直進性に優れる
左／リバーカヤックは全長を短くし、回転性能に優れる

13

How to make your only one "Sea Kayak"
シーカヤック自作バイブル

漕ぐことは適度な有酸素運動。楽しみながら健康が手に入る!? また、シーカヤックは年齢、性別を問わずに楽しめる

とです。その結果、健康が「漕いで」やって来るのです。

②経済的負担が少ない

市販のカヤックは高価ですが、一度購入してしまえば、その後のランニングコストはそれほどかからず、大事に扱えばその寿命は長く、末永く使用に耐えます。

③操船が簡単

カヤックには、小型船舶操縦士免許などの資格は一切不要ですし、船舶検査も必要ありません。

④どこからでもカヤックが下ろせる

カヤックに乗るに当たっては、マリーナや漁港など、特殊な施設を一切必要としません。ビーチや桟橋から簡単に出航できます。

⑤保管や運搬が楽

カヤックは、車庫の片隅、ベランダや車庫の屋根裏からつるして保管することもできます。また、軽いので車の屋根に積んで運ぶことが可能です。

⑥年齢にかかわらず楽しめる

老若男女を問わず、同じフィールドで遊べます。

海辺でこれ以上の遊び（スポーツ）はないでしょう。最近よく言われる「生涯スポーツ」「生涯趣味」としてもピッタリではないでしょうか。欧米ではシーカヤックは広く普及しており、人気のマリンスポーツの一つとして、確実に定着しています。

これほど素晴らしいシーカヤックですが、日本のみなさんはもう一歩、シーカヤックに

第1章　合板カヤック自作のすすめ

踏み出せないでいます。その原因の一つは、シーカヤック自体が高額だからではないでしょうか。安いものでも20万円、高いものは50万円を軽くオーバーします。この不況の時代、この価格は大きなハードルです。

しかし、高いお金を払わなくても、自分のカヤックを手に入れる方法があるのです。

それは「自作」です。

材料費は3万円あれば何とかそろい、工作も簡単。一般的な工具さえあれば、2～3週間もあれば、市販品よりも美しく、優れたシーカヤックがあなたのものになります。

この本は、シーカヤックの自作マニュアルです。

材料の選び方から工作の実際、仕上げまでを、写真とイラストを多用しながら解説しています。フリープラン（自由設計図）も添付していますので、そのまま使うなり、アレンジするなり、ご自由にお使いください。

さあ、ではさっそく、美しきシーカヤック自作の世界へ、どうぞ！

上／砂浜でも河原でも桟橋でも、どこからでも下ろせて漕ぎだせるのが大きな魅力だ
左／車のルーフに積めるので、日本中の好きな海に行くことも夢じゃない！

軽いので、持ち運びも楽。力持ちでなくても、1人で、脇に抱えたり、肩にかついだりして、運搬できるのがいい

左／長さこそあるものの、幅が狭く軽いので、このようにまとめて運搬することもできる
右／自作すれば、1隻あたりの材料費は3万円前後。1人で自作しても作業日数は2週間ですむ。気温にもよるが（エポキシ樹脂の硬化時間に影響を与える）、人手があれば1週間でできる

15

シーカヤック自作バイブル
How to make your only one "Sea Kayak"

自作は合板とエポキシ樹脂によるステッチ&グルー工法

材料と重量によるシーカヤックの値段の違い

　それでは木製のカヤックを自作しましょう。
　市販のカヤックはそれなりに高額ですが、価格と材質を比較対照してみると面白い結果が得られます。それは、カヤックの重量が軽くなればなるほど、高額になるというものです。
　標準的なシーカヤックタイプで比較してみましょう。
　もっとも安価と言えるのがポリエチレン製のカヤックです。船体重量はおおよそ25キロ以上はあり、価格は安いものでも20万円前後はします。
　最も普及しているのはFRP（ガラス繊維強化プラスチック）製のカヤックで、船体重量は20キロ前後とポリエチレン製より軽いのですが、価格はおおよそ30万円前後はします。
　一番軽いのはカーボンファイバーを用いている艇で、重量は15キロ前後と超軽量。しかし価格は、一気に50万円をオーバーしてしまいます。
　それでは木製カヤックの重量はといえば、何とカーボン艇と同様の15キロ前後です。慎重に作れば15キロを切ることも可能です。価格はというと、自分で造ればなんと3万円〜！　とびっきり安上がりです。

安い耐水合板を使おう

　木（ウッド）には長所もあれば短所もあります。
　長所は何と言っても比重が軽いということです。要するに「水に浮く」くらい軽いのです。更に、最大の長所といえるのが「加工がしやすい」という点です。とはいえ、木には短所もかなりあります。薄い板にした場合、割れやすい点です。
　この問題を見事に解決するために生まれたのが合板（プライウッド）です。割れやすい薄い板（ベニヤ板）の目を、交互に交差するよう張り合わせることによって、安定した強度を得たのです。合板は工業的材料として、今日では広く普及し、建材をはじめ、家具の材料など、あらゆる物に使われています。ここで紹介するカヤックの自作には、この合板を使用します。
　さて問題はこの合板の選択です。世界中のボートビルダーたちは、合板で船を造る場合は、ハンで押したようにマリン合板（船舶用合板）の使用を勧めています。場合によっては、マリン用合板以外の合板で船を造ることは「犯罪」とすら言いきっています。
　確かに船を造るのですから、マリン用の合板に越したことはありません。国産のマリン用合板もあるにはあるのですが非常に少なく、多くは海外製品です。しかし、輸入量はごく僅かで、日本では入手が非常に困難なのです。その状況に突き当たって、カヤックやヨットの自作をあきらめる人が後を絶ちません。
　仮に入手可能であっても、このマリン用合板はかなり高価です。外国の合板のサイズは4×8フィート（一般的にはこのサイズを〈しはち〉と呼びます）、メートルに直すと1.2×2.4メートルです。このサイズの3ミリ厚マリン用合板が、一枚当たり8,000円以上するのです。これでは自作の意欲がなえるのも当然です。
　しかし、心配ご無用。ここで解説するカヤックの自作には、一般の材木屋さんで市販されている建築用耐水合板（タイプ1）を使うことを前提にしています。日本サイズは3×6〈さぶろく〉と呼ばれ、0.9×1.8メートル、運搬も楽です。価格は3ミリ厚合板で1枚当たり700円前後、海外製品との価格差は歴然としています。

ステッチ&グルー
stitch-and-glue (method)＝合板を設計通りに切り出し、銅線でつなぎ合わせて形を作り、つなぎ目をFRPで積層して硬化させ、最後に余分な銅線を切断する木造船の工作方法。自作に適した工法。

第1章　合板カヤック自作のすすめ

マリン用合板に使用されているベニヤは、特別に水や海水に強い木ではありません。ごく普通の木と思って差し支えありません。

それでは何が特別かといえば、構造材として「隙(すき)」がないのです。つまり3層のうちの中間層が、隙間なくきっちり詰まっているのがマリン用合板なのです。

建築用の合板には、この「隙」があるものと、ないものが混在しています。

そこで「隙」のない建築用合板を購入するためには、晴天の日の昼間、材木屋さんやDIYホームセンターに行きます。そこで船を造る事情を説明し、選別の許しを得てください。

そしてまず、合板の裏表にヒビがないかをチェックします。合格だったら、その合板を太陽にかざし下からのぞけば、中間層の「隙」が発見できます。この二重のチェックを行い、合格したものを購入します。カヤックを製作するにはこれで十分です。

輸入マリン合板は、三層の厚みが均一になっています。つまり3ミリ厚合板であれば、1ミリ厚の薄板3枚の組み合せで構成されています。このことによって、曲げやすい性格を持っていて、別名「ベンディング・プライウッド」とも呼ばれているのですが、問題は、一度でも雨などで濡らしてしまうと反ってしまいます。従って扱いと保管には、かなり神経を使います。

ところが、国産の合板の構成は、表裏の板は薄く、中間層の板が厚めになっています。このことは、輸入マリン合板に比べて曲がりにくいという性格を生んでいます。これから自作するカヤックは、合板に強い曲げを必要としないシングルチャイン構造なので、問題にはなりません。むしろ芯材の厚い国産の合板のほうが、横(横幅)方向に対する強度が強いので有利といえます。

材料はすべてホームセンターで手に入る

滑らかな曲面の船底の場合、ラウンドボトムと呼ぶが、船底に縦方向の角がついているものはチャイン構造と呼ぶ。そのチャインが片舷に1本ずつあるものがシングルチャイン構造である。今回作るシーカヤックは、このシングルチャイン艇となる

シングルチャイン
船体の半分を構成する外板のパネルが2枚のものを指す。つなぎ目が1カ所であるところからシングルチャインと呼ぶ。3枚のパネルで構成された船体はつなぎ目が2箇所であるので、ダブルチャインになる。

シーカヤック自作バイブル

エポキシ樹脂とステッチ＆グルー工法

さあ、いよいよ核心部分に入りましょう。

シーカヤックの材料として、安価な国産の建築用合板でも十分な理由を、もう一つ挙げておきましょう。

合板を含めウッドの欠点は「腐朽」（水が浸みて腐ること）です。これを回避するには、木部に対して「水分」と「酸素」の供給を遮断してしまえばいいわけで、実は、これを機能的に解決する方法があります。「WEST SYSTEM」と呼ばれる工法です。

現代では、カヤックに限らず木製のボートやヨットは、「エポキシ樹脂」を多用して製作しますが、20数年前、「エポキシ神話」なるものが一人歩きを始めました。ヨット雑誌『KAZI』に、ヨット設計家の横山 晃氏が執筆して連載した「ヨット自作」の記事の中で、横山氏はエポキシの有効性を紹介しました。その結果、アマチュアボートビルダーたちの間で、エポキシ樹脂が知られるようになりました。しかし、残念ながら、実際にエポキシ樹脂を使ってヨットを作った人でも、エポキシ樹脂については断片的な知識しかなく、正しく使われたのかどうかもおぼつかないありさまでした。

ボートの材料としてのエポキシ樹脂について十分な知識を得たかった私は、一念発起、当時からウッド＆エポキシのバイブルと言われていた『The Gougeon Brothers on Boat Construction Wood & WEST SYSTEM Materials』をアメリカから取り寄せ、英和辞典片手に、3年をかけてすべて訳してしまいました。

その結果分かったことは、エポキシを正しく使って木の船を造った場合、船は、「木とエポキシのコンポジット（複合）構造」になるということでした。ガラスクロスを芯材にして樹脂で固めたFRP（ガラス繊維強化プラスチック）が、ガラスクロスと樹脂とのコンポジット構造であるように、ウエストシステムでは、木を芯材にしてエポキシ樹脂を縦横に駆使し、両者を強固に結合させるコンポジット構造を作り出すという考えでした。

ウエストシステムのテクニックを駆使するためには、エポキシ樹脂は接着剤、パテ材、コーティング材など、用途ごとに使い分けられますが、最終的には合板は完全にエポキシでシールされます。これにより水分、酸素は遮断され、各部材はより強固になります。

ガラスクロスを芯材とするFRPの場合、ガラスクロス単体では何の機能もしませんが、安価な建築用合板を使用して製作されたカヤックは、それ自体立派な構造材です。それになおエポキシ樹脂を加えるのですから、必要にして十分な条件を満たす材料となるわけです。お分かりいただけたでしょうか。

ガラス繊維
ガラスを高熱で熔解して繊維状にしたもので、直径8〜13ミクロンものが多い。ガラスは、細くすればするほど引っ張り強さが増す性質があり、それを利用して繊維を作り、繊維を樹脂で固めて強度のある製品を作ることができる。これを一般に強化プラスチックと呼んでいる。ガラス繊維を細かく切断してシート状に散らしたものをマット、撚りをかけて織ったものをクロス、撚らずに織ったものをロービング・クロスという。

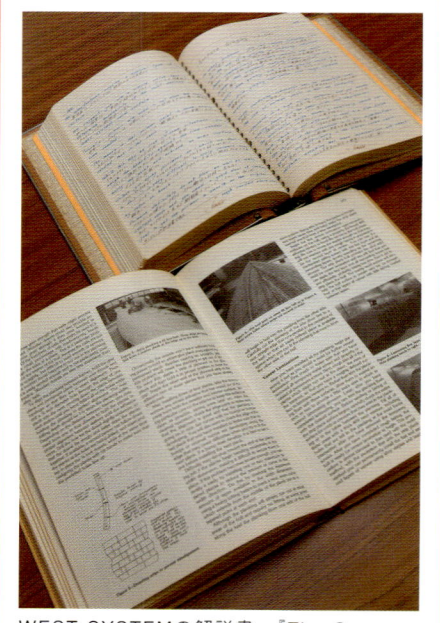

WEST SYSTEMの解説書 『The Gougeon Brothers on Boat Construction Wood & WEST SYSTEM Materials』原本と、3年かけて翻訳したノート。「毎晩やってたお酒をやめて、辞書を片手に励みました。禁酒3年は長かった！」

第1章　合板カヤック自作のすすめ

　このカヤックは、以上のように国産合板とエポキシ樹脂によるステッチ＆グルー工法で建造します。なにか難しそうな方法に思えるでしょうが、要約すれば、単に合板同士を針金で縫って接着するだけの、船を造る工法としては最も簡単な方法のひとつです。

　合板から切り出したパネル同士を、銅の針金で縫うように仮止めし、エポキシ接着剤で固定するだけで、ステム（船首）材、キール（竜骨）、フレーム（肋骨）材などは必要ありません。カヤックを製作するための船台すらいらないのです。ですから製作時間も短く、出来上がったカヤックは驚く程軽量に仕上がります。

　製作の工程の項で、具体的な手順は解説しますが、とにかく簡単な工法であることはお約束します。

　というわけですから、カヤックの自作に取り掛かるのに悲壮な覚悟は必要ありません。気楽に取り掛かりましょう。失敗してしまったら、薪にして燃やしてしまえばいいじゃないですか。

Column　セルフレスキューの実際

①片手でパドルをデッキに固定する　②パドル側の足をシャフトの上にのせる　③この後うしろ向きに位置を変え左足を入れる　④セルフレスキューの完了

　シーカヤックで沈をしたら、パドルの一方にフロートを取り付け、一方をカヤックのセルフレスキューシートでアフトデッキに固定します。そのパドルを頼りにして再乗艇します。

　この場合、セルフレスキューシートをクリートからほどきパドルのブレードやシャフトにからめてクリートに止めます。片手でクリート結びができるように練習しておきましょう。

　まず、パドルブレードをパドルフロートに差し込み、パドルをアフトデッキに固定します。この際、カヤックを水平にし、パドルフロートで浮いたパドルとデッキの角度を保つよう注意しましょう。カヤックのデッキ面と水平にパドルを固定すると体重がパドルにかかり、カヤックは傾斜しコックピットから浸水してしまうことがあります。パドルがセットされると、見事なアウトリガーが出来上がります。

　さあ、リエントリー（再乗艇）です。

　左舷からのリエントリーと仮定すると、右足をシャフトに乗せ、腹ばいでアフトデッキ方向にはい上がります。腹ばいのまま乗り上げたら、左足をコックピットに入れ、ついで右足を入れます（後方を向いた腹ばい状態）。

　これまでの一連のアクションと、これからのアクションの全てはパドルフロート側に重心を掛け続けます。体重が逆にかかると簡単に再度沈します。

　うつ伏せ状態から左サイドを上に向け、回転し、着座します。

　これで再乗艇のクライマックスは終了です。

　さて次は、ビルジポンプでコックピット内の排水です。

　パドルの固定を解除し、パドルフロートを外して収納すればセルフレスキューの終了です。

　まずは足が立つ浅いところで十分に練習しましょう。

How to make your only one "Sea Kayak" シーカヤック自作バイブル

第 2 章　デザインとスケールモデル

How to make your only one "Sea Kayak" シーカヤック自作バイブル

フリープラン　システム

　カヤックは、本来、注文服と同じように、各人各様に合わせてデザイン（オーダーメイド）されるべきです。小さな子供が大人用では可哀想だし、同様に体重が50キロの女性と、90キロの男性が同じサイズのカヤックでは、いずれも不適当です。

　カヤックを生んだイヌイットたちは、当然のことながら、各自の体型と技量に応じて、自分自身のカヤックをオリジナルデザインしていました。

　また、現代に生きる私たちがカヤックに求めるものは、主に猟や移動に特化したイヌイットのそれより多くなります。スピードを追求した船型にしたがる人もいれば、恋人同士や親子、おじいちゃんと孫も楽しめるタンデム（2人乗り）が欲しいという人もいるでしょう。安全に一人で海上ピクニックが楽しめればいいという人もいれば、一人で釣りさえできればいいという人もいます。

　体型や体重、目的により、シーカヤックのデザインに対する要求は人それぞれです。これらの要求のすべてを満たすには、それこそ幾通りものデザインが必要になってしまいます。

　でも、お任せください。あらゆる要求に対応できるプランを用意しています。自分自身の手でカヤックを造ってしまうのですから、何もお仕着せのデザインに拘束される必然性はありません。設計者は皆さん自身なのです。

　ここでは私が、基本的なデザインを、まず提供いたします。この本に図面を綴じ込んでいますので利用してください。

　とはいっても、これは私自身の完全オーダーメイドデザインです。私の体重は65キロ、身長は169センチ、カヤックの経験はソコソコの中級者、デザインの基本コンセプトはスピードと安定性の両立です。

　図面は、この条件にしたがって、サイドパネル（側板）のサイズが設定されています。

　最大ビーム（幅）は、切り出されたサイドパネル同士を組み上げる時に決定します。これに基づきボトムパネル（底板）の幅をパネルに写し取るわけですが、各パネルの幅の決定により、カヤックの性格がある程度決まってきます。

　カヤック初心者であれば、最大ビームを60センチ前後に設定すれば、安定性が向上します。ヘビーウエイトであればそれだけ沈み込むので、最初からサイドパネルの幅を数センチ広めにとると同時に、ボトムパネルの最大ビームを広目にとります。

　タンデム艇も同様です。サイドパネルの幅を広めにとり、最大ビームは70センチ前後に設定すればいいでしょう。ただし、この場合は、強度を考えると、サイドとボトムパネルの合板は5.5ミリ厚に変更することが必要になります。

　子ども用とか、保管の関係から、全長を詰める必要があれば、最初からサイドパネルの全長を短く設定しておけばいいのです。

　以上のように各人各様のデザインが可能です。皆さん自身がカヤックデザイナーなのですから。

　言葉で説明すると複雑に感じるかもしれませんが、これから出てくる工程写真を見れば理解しやすいと思います。

スケールモデル

　できれば、実際の建造に取り掛かる前に、10分の1のスケールモデルの製作をお勧めします。

　ボール紙かバルサ材で簡単に出来ます。図面の10分の1のサイズで切り出した材をセロテープで仮止めし、瞬間接着剤で固定すればいいのです。

　スケールモデルを作ると、なぜ直線に切り出したサイドパネルのシアーライン（舷のライン）に反りが付くのかなどが、理解しやすくなります。また、スケールモデルを作る工程、つまり全体の手順は、作業の中身こそ違え実際の製作と全く同じです。

バルサ（balsa）
パンヤ科の常緑高木。メキシコ南部からペルーにかけて自生。成長が極めて早く、高さ15m、幹40cmに達する。非常に軽いため救命具、浮標、航空機材料や木工材料に使われ、絶縁性も高いので、冷蔵庫、防音材などにも使用。

第 2 章　デザインとスケールモデル

スケールモデルが出来上がったら、それこそ上から下から、前後から横からと、眺め回して見てください。納得できなかったら、各パネルの幅を変えて、何度でもトライしてください。スケールモデルに納得できたら、いよいよ本物のシーカヤックに取り掛かりましょう。

スケールモデルを作ろう

用意するもの
- 3mm厚バルサ材（長さ600mm、サイドパネル用）1枚
- 1mm厚バルサ材（長さ600mm、ボトム、デッキ用）2枚
- 3mm角、5mm角模型工作用桧細角材（ボトムカーブ出し用）
- マチ針（3本）
- 瞬間接着剤（ゼリータイプ）×2　木工用ボンド、セメダインでも可
- カッター　●スケール　●コンパス　●分度器
- セロハンテープ　●紙ヤスリ（No250）

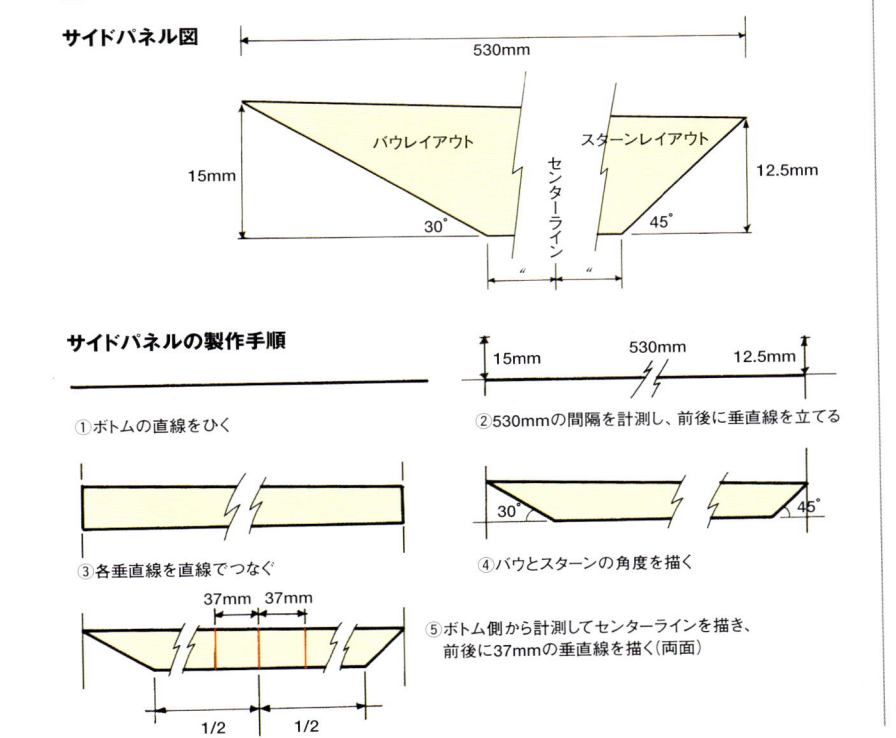

サイドパネル図

サイドパネルの製作手順
① ボトムの直線をひく
② 530mmの間隔を計測し、前後に垂直線を立てる
③ 各垂直線を直線でつなぐ
④ バウとスターンの角度を描く
⑤ ボトム側から計測してセンターラインを描き、前後に37mmの垂直線を描く（両面）

POINT
スケールモデルは、面倒くさがらずぜひ作ろう。私の経験則から、作るか作らないかで完成度に大きな違いがでる。

POINT
エポキシの硬化温度が確保できる春の到来を待つ間、暖かい部屋でカヤックのスケールモデルを作るのも一興。

23

How to make your only one "Sea Kayak"
シーカヤック自作バイブル

TECHNIQUE

ボトムパネルの接着前に、ボトムのカーブがスムーズになっているかを、十分にチェックする

サイドパネルの切り出し

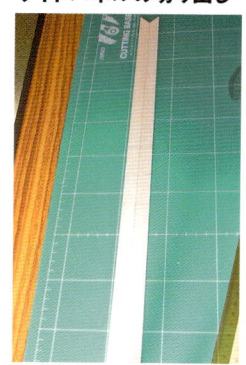

3mm厚バルサ材の表面上に「サイドパネル図」の寸法を「サイドパネルの製作手順」に従って描き、カッターで切り出します。切り出したらサイドパネルを上下に揃えセンターラインを含め3本のラインを四面に描きます。

サイドパネルを組む

両パネルを重ね合わせてバウ及びスターンをセロハンテープで固定し、パネルのセンターラインに細材を入れビーム幅を56mmに固定します。細材は3mm厚バルサから切り出して使用しますが、接着はしません。ビーム幅を固定したら、バウ及びスターンを擦り合わせ、接着剤で固定します。優美な反りがシアーラインに現れます。

ボトムパネル図

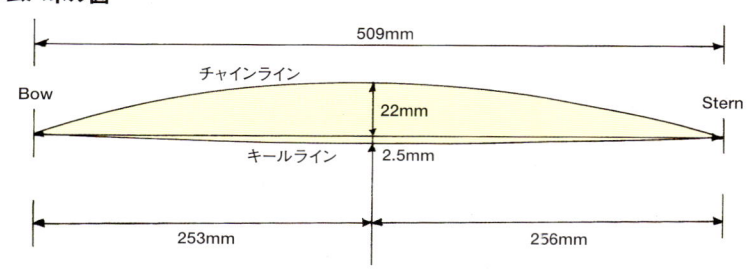

- 509mm
- チャインライン
- 22mm
- Bow / Stern
- キールライン
- 2.5mm
- 253mm / 256mm

ボトムラインを描く

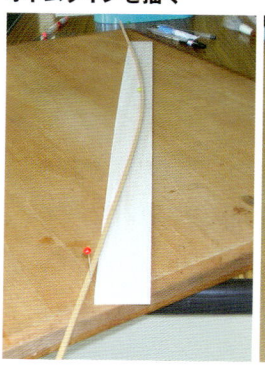

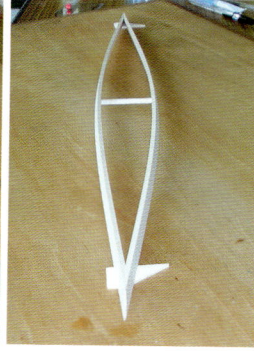

直線を引きます。「ボトムパネル図」の各数値を記入します。キールラインは、5mm角細材の両ポイントの延長線上にマチ針を打ち、センターラインから2.5mm膨らませます。チャインラインは、3mm角細材で同様に曲線を描きます。この作業は、実際と全くおなじです。

ボトムパネルの組み立て

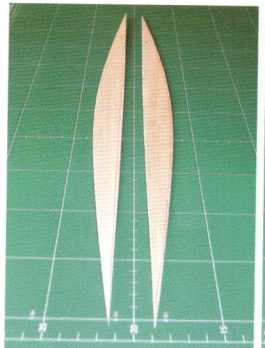

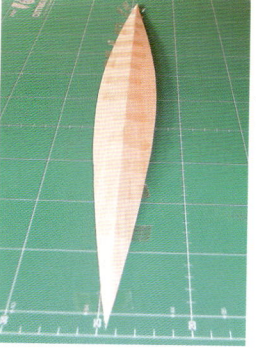

ボトムパネル2枚を切り出したら、2枚を重ねキールラインをフェアリングします。チャインラインは荒切りのままでよろしい。キールラインを揃えながらセロハンテープでボトム側から固定します。ここではまだ接着はしません。このときボトムのカーブがスムーズになっているかチェックしましょう。

第 2 章　デザインとスケールモデル

ハルの組み立て

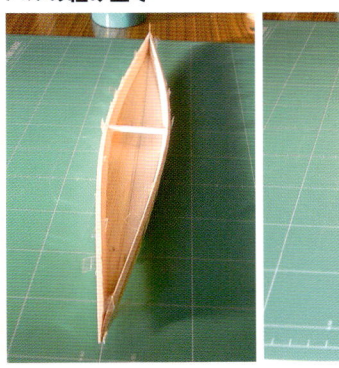

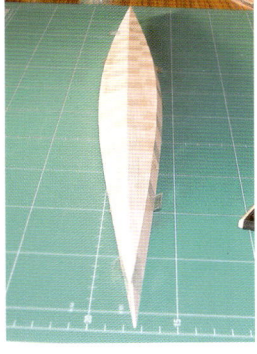

ボトムパネルのチェックがOKだったら、サイドパネルのボトム側にボトムパネルを被せます。サイドパネルのセンターラインとボトムパネルのセンターラインを合せます。そのとき、バウとスターンも同様に合せます。最大幅のあたりは、おおむねサイドパネルとボトム幅が合うはずですが、バウとスターンは、ボトムパネルが幅も前後もはみ出しているはずです。これらは全て切りシロですから、接着後サイドパネルにあわせて切り揃えます。セロハンテープでサイドパネルとボトムパネルを組み上げ、チェックOKだったらハル内側からキールライン及びチャインラインに接着剤を流し込みます。

TECHNIQUE

船内を仕切る隔壁バルクヘッド(bulkhead)は、サイドパネルの内側の角度にきちんとそろえてカットする。

バルクヘッド図

カーブ延長線がシアー外側のエッジに当たる
フロントバルクヘッド　50mmR　リアルバルクヘッド　10mm　87mmR

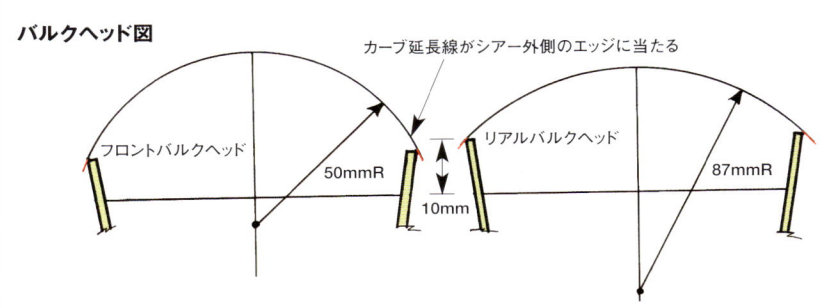

バルクヘッドのセット

サイドパネルのセンターライン前後のラインが、前後バルクヘッドの位置になります。フロントバルクヘッドはラインより前にセット、アフトバルクヘッドはラインより後ろにセットします。各バルクヘッドは、サイドパネル内側の角度に揃えてバルサ(1mm厚)をカット、両舷のシアーラインの位置をトレースし、これに合せて指定のカーブをコンパスで描きカットします。各バルクヘッドは、カーブの延長線がシアーのエッジに掛かるようにセットし、各バルクヘッドを接着します。センターラインの幅決めをしたバルサ細材は撤収、ハミ出しているボトムパネルをカットしてヤスリでフェアリングしましょう。

デッキの取り付け

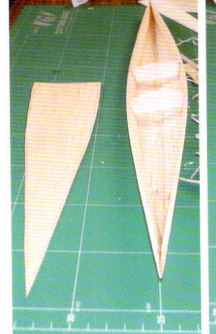

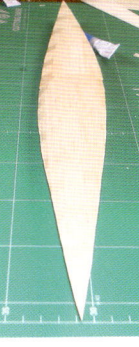

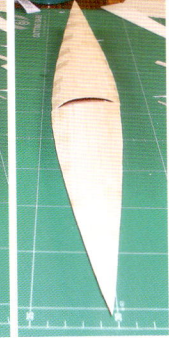

さあ、デッキを取り付けです。デッキは前後2枚に分けて張ります。2枚のデッキの張り出し位置は、サイドパネルセンターラインの後方15mmです。この位置に合せて1mm厚バルサ材を曲げ付けます。デッキ裏からシアーラインをトレースし、2mmくらい外側をカッターで切り出します。張り出しは前後いずれからでも問題ありません。シアー上に接着剤を施工し、まずバルクヘッドのカーブに合わせその両サイドにセロハンテープで固定し、先端に向ってカーブを維持しながらテープで固定します、最後にコックピット側を止めます。1枚が張りあがりましたら、このエッジに合せてもう1枚をトレースして同様に張ります。ハミ出しているデッキを切り揃え、ヤスリでフェアリングします。

25

How to make your only one "Sea Kayak" シーカヤック自作バイブル

コックピット図

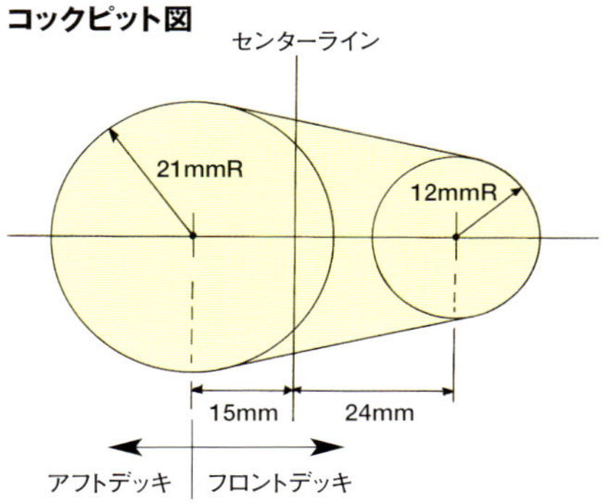

- 21mmR
- 12mmR
- センターライン
- 15mm / 24mm
- ← アフトデッキ / フロントデッキ →

コックピット

まずコックピットのライン図をデッキ面の上に描き、カッターでユックリと切り開けます。前後デッキのつなぎ目上が、コックピットの最大幅である事が分かると思います。

コーミングの整形

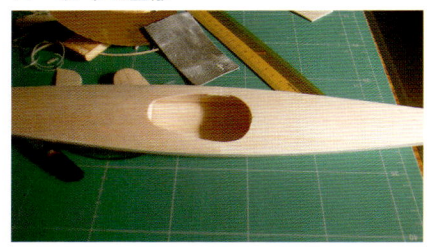

コーミングを切り出したら、前後デッキの段違いの下にスクラップで当て板をして、デッキ面を揃えます。

コーミングの整形

スターン(船尾)を斜めにカットし、ヤスリでフラット面にゆるいカーブをつけ、1mm厚バルサ材を接着すれば仕上がりです。ヤスリでデッキ面、サイドパネル面に合せて擦り合わせます。

仕上がり

きれいに塗装すれば、置物になります。シーカヤック1艇を自作した記念に!

コックピット(Cockpit)
デッキから一段下がったくぼみを指し、乗員が入って操船したりするところ。

コーミング(Coaming)
縁材。甲板開口部の周囲に、海水の流入などを防ぐために甲板より一段高くしてあるもの。

How to make your only one "Sea Kayak"
シーカヤック自作バイブル

第 3 章　エポキシ樹脂

How to make your only one "Sea Kayak" シーカヤック自作バイブル

POINT
エポキシ接着剤の強度を得るための3要件を守ること。アイスクリームの木ベラ、割りばし、A4サイズの紙を必ずそろえておく。

エポキシ接着剤セット

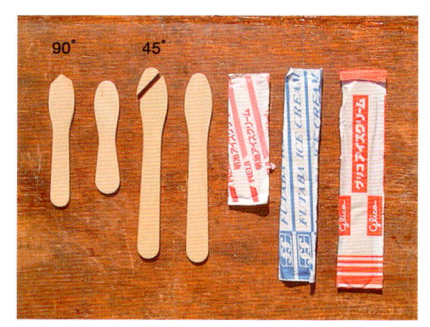

アイスクリームの木ヘラ

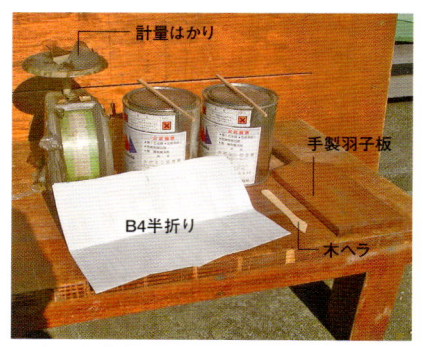

エポキシ接着剤の混合に必要なもの

エポキシ接着剤の主剤や硬化剤の取り出しには割りばしが便利

　エポキシ樹脂は今日、我々一般人が入手できる樹脂の中では最強の強度を持っています。

　この樹脂は汎用性で、接着剤やコーティング、パテなどに使用できます。この樹脂と木のコンポジット（複合）が、まさにカヤック製作の中核をなすものです。

　このエポキシ樹脂は扱いも容易であり、応用範囲が広いのが特徴です。しかし、所定の強度を得るには以下の要件が絶対条件になります。

● **正確な混合比率の順守**
（はかりで正確に計量します。硬化剤を多くしても硬化不良を起こすだけです）
● **十分過ぎる程にかき混ぜる**
（主剤と硬化剤をしっかり混合しなければ所定の強度は得られません）
● **正確な温度管理**
（10度を切ると硬化不良になる恐れがあります。冬期は熱源対策が必要です）

　このエポキシ樹脂は、「エポキシ接着剤」「積層用エポキシ樹脂」として入手できます。以下各々の使用法を解説します。

エポキシ接着剤 混合比　1：1

　エポキシ接着剤は主剤と硬化剤の混合比率1：1セットです。

　アイスクリームの木ヘラは優れものです。必ず用意しましょう。

　この木ヘラはかき混ぜ用でもあり、施工にも使用します。ヘラの先をノコでカットし、あらゆる用途に合わせます。

エポキシ接着剤の調合

　エポキシ接着剤の主剤、硬化剤の取り出しは割りばしがベターです。割りばしの共用は不可です。

第3章　エポキシ樹脂

筆者愛用のはかり

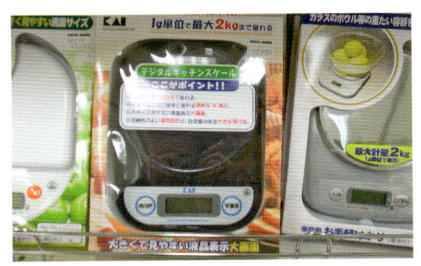

これは3,000円を切るデジタルクッキングスケールです。1g単位で表示され、何よりも素晴らしいのは容器重量の控除が自動で設定できることです。新調するなら、これはイチオシ

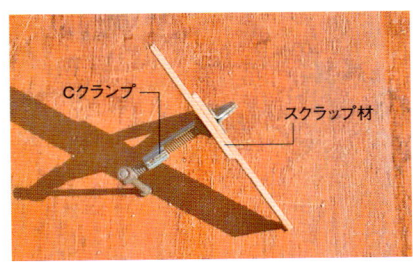

接着の度にテストピースを作り、破壊テストで硬化具合を確認します

調合のベースはB4サイズの紙が扱いやすいです。用紙を半折りにし、さらに十字に折り、これを拡げます。中央が凹状になります。

正確な計量

2液は混合比1:1で計量します。1グラム単位で正確に計量する必要があります。

左のはかりは長年使用している100グラム受け皿式の郵便スケールです。用紙を

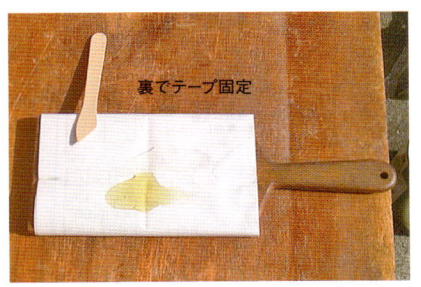

羽子板や合板にマスキングテープなどでしっかり固定すると、スムーズにかき混ぜられます

主剤は無色透明、硬化剤は薄い琥珀（こはく）色をしています。これをかき混ぜると乳白色になります。十分に混ぜましょう

スケールに載せて紙の重量を量り、この数値を控除し、用紙の上に樹脂の一方を必要量出し、同量の樹脂を抽出します。

積層用エポキシ樹脂（混合比2:1）

　ウッド（木）とエポキシ樹脂のコンポジット（複合）の根幹を担うセットです。

　粘性が低く、ガラスクロスの含浸、コーティング、パテなどと応用範囲が広い樹脂です。

　カヤックのすべての木部はこのエポキシ樹脂でコーティングして、シーリングバリアーとします。

　この樹脂は耐水性、耐油性が極めて高く、自作クルーザーヨットの水タンクや燃料タンクにも使用されています

　唯一の弱点は「紫外線」です。デッキをクリアー仕上げにした場合、クリアーウレタンのコートが必要です。使用条件はエポキシ接着剤と全く同様です。

シーリングバリア
プライウッド（合板）や船体を構成する木部にエポキシ樹脂をコーティングすることによって、木部は完全な防水皮膜を確保出来る。

How to make your only one "Sea Kayak" シーカヤック自作バイブル

積層用エポキシ樹脂の調合

樹脂の調合は、牛乳やジュースの紙パックを利用します。このパック以上の優れものはありません。実に重宝します。

このパックを必要量に応じてカッターで切ります。切ったパックをはかりに載せ、パックの重量を計量します、当然、この重量を差し引いて樹脂を計量します（重量比2:1厳守）。

樹脂の注入にはポリスポイトを用います、樹脂には若干粘性がありますからスポイトの先をカットして吸い口の径を大きくします。

2液の計量が終わったら、割りばしなどでしっかりかき混ぜます。コーティングなどに使用する場合、かき混ぜた後にエポキシシンナーで希釈し、再度かき混ぜます。スポイトや用具に付着したエポキシ樹脂は、エポキシシンナーでぬぐいとります。

積層用エポキシ樹脂セット
主剤
硬化剤

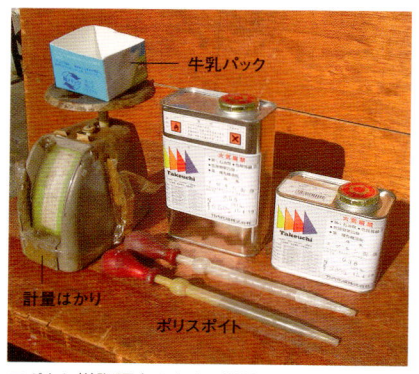

エポキシ樹脂調合のための道具
牛乳パック
計量はかり
ポリスポイト

積層用エポキシ樹脂の注入方法

ポリスポイトによるパックへの各樹脂注入は、理にはかなっているものの作業効率は上がりません。また、その都度各スポイトを清掃するのも煩わしいものです。

そこで写真のような容器を利用します。できれば紫外線を通しにくい色の濃い容器が最適です。また、積層用エポキシ樹脂の配合比は2:1ですから、容器のサイズも大小に分けると間違いが回避できます。じょうご（漏斗）などを利用して移し変えをします。注入に際しては、仮に容器に目盛りがあったとしても、ハカリで正確に計量します。

カヤック製作では主剤（60グラム）硬化剤（30グラム）計90グラムが一度の調合アッパーです。

スポイトの替わりに使える容器

マイクロバルーン

フェノール樹脂製の中空微球体で、エポキシ接着剤と混ぜてパテにしたり、軽量接着剤を作ったり、樹脂と混ぜて盛り上げに使ったりする。カヤックやレース用ボートの整形、隅を埋めるパテの用途として使用。

マイクロバルーンの混合

積層用エポキシ樹脂は、ガラスクロスの含浸やコーティングの他に、マイクロバルーンを混合してフィレットや充てん用パテにも使用します。マイクロバルーンは中空の球形物質で非常に軽く、整形加工のし易い材質です。カヤック製作のあらゆる場面で登場します。

第3章　エポキシ樹脂

必要量の樹脂（2:1）を混合し、割りばしなどで良くかき混ぜ、マイクロバルーンをスプーンで加えながらさらにかき混ぜます。

ポタージュよりやや硬め、かき混ぜた後すぐにパックの中で平らになる状態（Aタイプ）が樹脂の「流し込み」に最適です。

ステムの先端からボトムにかけてテープでせき止める「テープフィレット」の流し込みに利用します。さらにマイクロバルーンを加え、ねった形状が変わらなくなったところが充てん剤としての最適配合（Bタイプ）です。フィレットなどに使用します。

バウ及びスターンのテープフィレット

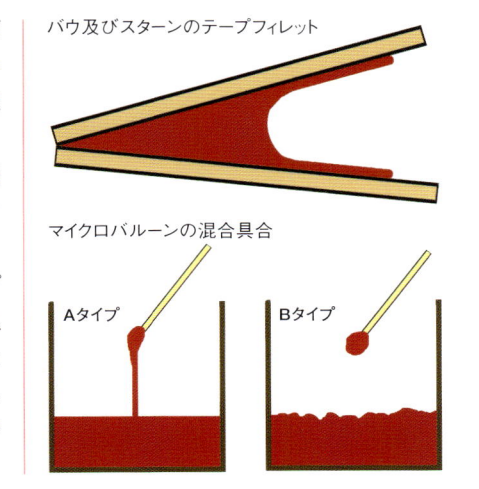

マイクロバルーンの混合具合

Aタイプ　Bタイプ

TECHNIQUE

夏場に、パックで90グラム以上の樹脂にマイクロバルーンを混合すると、高熱を発し一気に硬化してしまうことがある。必ず小分けにして作業を進めるように。

Column　ライフジャケット

必須アイテムです。カヤック用のライフジャケットを購入しましょう。

カヤック用のライフジャケットは、丈が短く作られています。コックピットに背中が当たらないようにするためです。また、脇が大きく開き、パドリングの邪魔にならないようにもなっています。それに、前面にポケットが付いていると、何かと便利です。

サイズは必ず着用して決定しましょう。単純にM、Lのサイズ合わせでは危険です。ゆるいサイズだと、実際の場合、ライフジャケットの中で身体が沈み込んでしまいます。

初心者は、ライフジャケットを着用して海水浴をしてみると、その機能が十分に理解できます。実際に沈した場合、慌てずにすみます。

ライフジャケットには、マジックペン等で氏名、住所、電話番号などを書き込んでおきましょう。

カヤック店や船具店で売っているホイッスルも準備し、細ヒモを付け、ライフジャケットに装備しておきましょう。海の上は案外、人の声は通りません。

「備えあれば憂いなし」です。

フロント

バック

ホイッスル

How to make your only one "Sea Kayak" シーカヤック自作バイブル

第4章
合板のカット及び
シアー材の切り出しとスカーフ

シーカヤック自作バイブル
How to make your only one "Sea Kayak"

合板のカットとスカーフ

合板の品評会

合板は、ハル（船体）用としてタイプⅠ完全耐水合板3ミリを4枚、コーミング用として同5.5ミリ厚合板1枚、計5枚がカヤック製作1艇分です。

デッキのクリアー仕上げを望むのであれば木目や木質の良い合板を選び出し、デッキ用に配置します。

品質シールが張ってある面が、基本的には裏面になります。

デッキをクリアー仕上げにするのであれば、木目のきれいな合板を選びましょう

合板のカットライン

合板にラインを描き（イラスト参照）、2枚重ねにして、ノコギリで各パネルを切り出します（カットラインは原図ではなく、余裕をもたせてあります）。原図を合板に描いて、切り出す方法はあまり勧められません。せっかく正確に描き、正確に切り出しても接合（スカーフ）により狂いが生じてしまうからです。

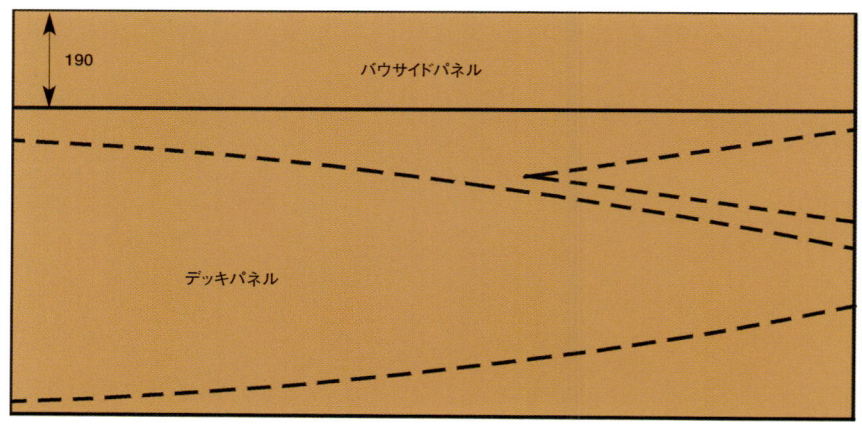

POINT
品質シールが張ってある面が、基本的に裏面です。

POINT
合板に原図を描いて切り出す方法は、お勧めできません。

- 190　バウサイドパネル
- デッキパネル

※2枚重ね

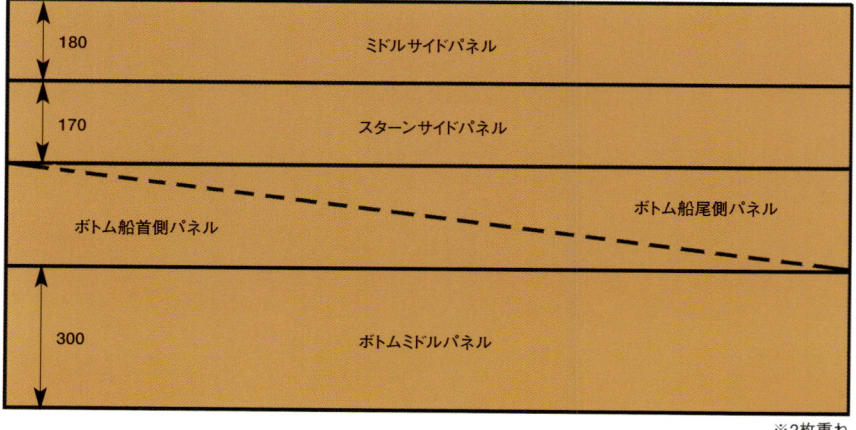

- 180　ミドルサイドパネル
- 170　スターンサイドパネル
- ボトム船首側パネル／ボトム船尾側パネル
- 300　ボトムミドルパネル

※2枚重ね

スカーフ（Scarf）
継手の一種。厚さを徐々に減らした板を接合すること。スカーフ継手。

第4章　合板のカット及びシアー材の切り出しとスカーフ

カットラインには上下約1センチ前後の原図切りしろがとってあります。

パネル3枚の接合（スカーフ）をしてから合板表面に原図を描き、2枚重ねにして切り出せば、狂いようがありません（後述）。

デッキパネルは、ハルが組み上がってから現場合わせで切り出します。それまでクセが付かないように保管しておきます。

パネルの切り出し

電動ノコを使用して切り出す場合は、コンパネや直線が正確に出ている部材をクランプで固定します（この切り出しはすべて直線です）。電動ノコのベースを部材に押し付けるようにして押し出せば、正確に切り出せます。

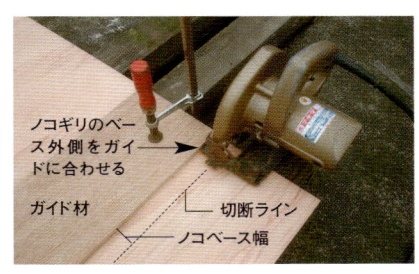

パネルの切り出し

切り出したパネル群

大ざっぱなパネルレイアウト

切り出したパネルは、船体に使う順に並べ、接合部（スカーフの向かい合う面）に印を付け、各パネルにどこの部材か書き込んでおきましょう。

このとき、電動ノコのベース幅を計算に入れて下さい。重ねたパネルはズレないようにステープルで固着させます。

切り出したパネルは、サイドパネル×6、ボトム中央パネル×2、ボトム船首パネル×2、ボトム船尾パネル×2、デッキパネル×2枚です。

デッキパネルは、ハル（船体）が出来上がってから現場合わせとするものです。また、パネルを並べてみて、スカーフの向きあう面に印を付け、各パネルにはネーミング（右舷、左舷など）を書き込んでおきましょう。

パネルのスカーフ

スカーフの切り出し

接合のためには、接合面を斜めに切って接着剤の着く面積を大きくします。これを「スカーフ」といいますが、この斜めの接合部は1：8の割合でレイアウトします。つまり、3ミリ厚の合板であれば8倍の24ミリ幅のスカーフを切ります。接着剤が硬化すると、1枚板になります。

パネルはクランプ、場合によってはステープルで10枚以上まとめて固定します。カンナやノミ又は電動ベルトサンダー、電動サンダーでカットアウトします。積層の模様が平行になるように注意を払いましょう。

POINT
重ねたパネルは、ズレないようにステープルで固定すること。

POINT
電動ノコのベース幅を計算に入れるのを忘れないように。

TECHNIQUE
パネルの切り出しは全部直線なので、電動ノコを使用する場合は、コンパネや直線が正確に出ている部材をクランプで固定し、ノコのベースを部材に押しつけるようにして押し出せば、正確に切り出せる。

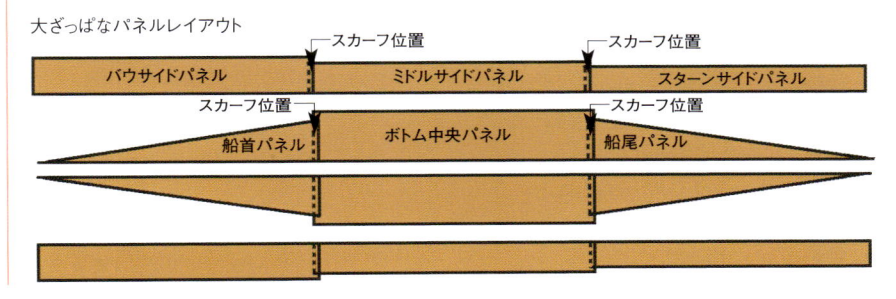

How to make your only one "Sea Kayak" シーカヤック自作バイブル

POINT
パネルの表裏を決めているときは、組み合わせて並べる。表表でスカーフを切って組み合わせると、表裏になってしまう。

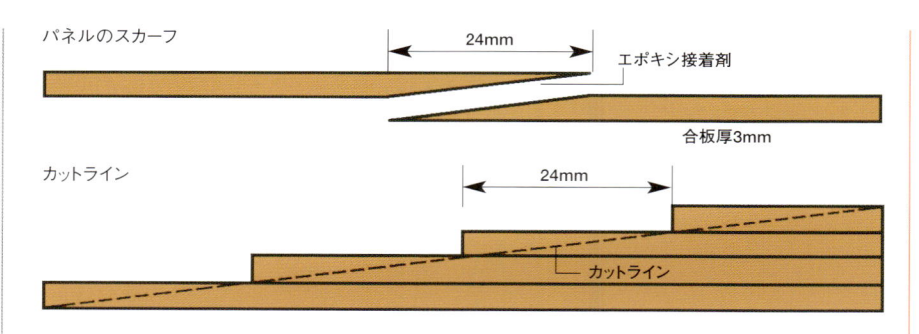

パネルのスカーフ　24mm　エポキシ接着剤
合板厚3mm

カットライン　24mm
カットライン

スカーフを切った合板

ベルトサンダーがお勧めです。

パネルの表裏を定めている場合には組み合わせて並べます。表表でスカーフを切って、組み合わせると表裏になってしまいます。

スカーフの手順①

まずスカーフパッド（下敷き）を準備します。スカーフパッドは3～5ミリのスクラップ合板から切り出します。サイズの一辺は200ミリ、もう一辺はスカーフパネルの幅です。

このパッドの中央には、紙ガムテープか幅広ビニールテープを張ります。このテープはスカーフ部からはみ出た接着剤をパッドに接着させないためと、はみ出た接着剤をフラットに仕上げるためです。スカーフパッドは2枚でワンセットです。

スカーフの手順②

作業台の上にコンパネなど直線の出ているガイドラインを置き、パッドを直角にセットします。このパッドの中央部のテープの上に、エポキシをスカーフ両面に施工した上下パネルを重ね合わせます。両パネルはガイドラインに合わせます、これで直線になります。

スカーフは、オーバーラップさせ過ぎると、段になってしまいますので注意してください。

スカーフの手順③

合わせの基準はまずガイドライン、次にスカーフのラインです。若干ずれていても

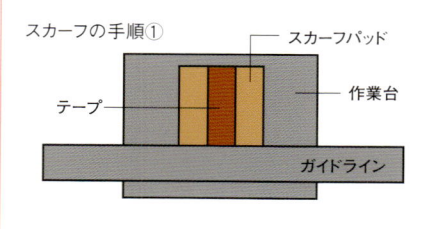

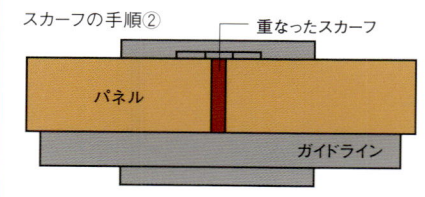

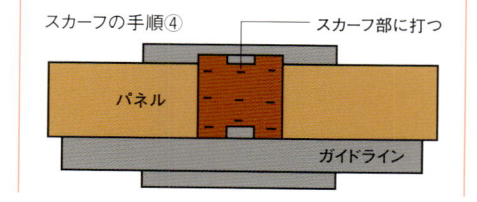

スカーフの手順①
テープ　スカーフパッド　作業台
ガイドライン

スカーフの手順②
重なったスカーフ
パネル
ガイドライン

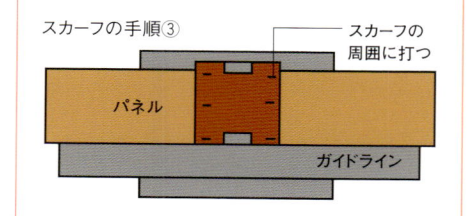

スカーフの手順③
スカーフの周囲に打つ
パネル
ガイドライン

スカーフの手順④
スカーフ部に打つ
パネル
ガイドライン

第4章　合板のカット及びシアー材の切り出しとスカーフ

左右のパネルの高さがそろってなければいけません。やや段になるくらいにセットし、ゆっくり左右を引き離しながらフラットになるポイントが定位置です。

スカーフパッドをスカーフの上に置き、ステープル（ガンタッカーで打ち込むホチキス状の釘）か釘で固定しますが、まずは周囲から打っていきます。

スカーフの手順④

スカーフ部への釘の打ち込みは、周囲を固めてから最後にします。最初にスカーフ部に打ち込みの圧力を加えてしまうと、スロープ状のスカーフに潤滑剤のようなエポキシ接着剤があるため、左右に広がってしまうからです。

エポキシの接着防止にサランラップなどの使用も考えられますがあまり勧められません、シワになりやすく、エポキシはこのシワの通りに硬化してしまいます。

クランプパッドの固定方法

クランプパッドの固定は、仮釘でも構いませんが、下のパッドを貫通し作業台に打ち込んでしまうと厄介です。そこでガンタッカーを利用すると作業効率は上がります。

まとめてパネルをスカーフ接着中

打ち込む針は、ステープルと呼ばれホチキス状の形態をしています。ステープルの長さは10ミリあり、パッドを3ミリにすると丁度よい厚さになります（合計9ミリ）。ガンタッカーはほかの作業にも使用しますのでお勧め道具です。

ビギナーズテクニックのバットジョイント

スカーフ作業は慣れが必要です。初心者にとって思わぬ障害になっています。無視して、バットジョイントという簡単な接合方法をとっても構いません。お勧めのビギナーズテクニックです。

バットジョイント①

切り出したパネルのエッジ（木口）にエポキシ接着剤を施工し、パッドの上で直接

POINT
接着防止にサランラップなどの使用はNG。エポキシはラップ通りにシワになって硬化してしまう。

パネルスカーフの実際
直線を合せる
クランプパッド上面
ガンタッカー
直線を合せる
コンパネのガイドライン

シアー
船体とデッキの交点で、バウ（船首）からスターン（船尾）に連なる線をシアーラインと呼ぶ。船体の内側にはバウからスターンまでシアー材と呼ばれる角材を取り付け、これにデッキパネルを接着する。

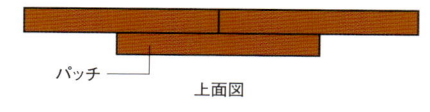

シアー材の切り出しとスカーフ

シアー材は通常、スプルースの板材から切り出します。スプルースは軽く、粘り強い木です。従って、ヨットのマスト材にも使用されています。

切り出したスプルースは、スカーフジョイント（詳しくは後述）でシアー材の長さにします。従って長尺材の入手は必要ありません。

初心者は何もスプルースにこだわる必要はありません。日曜大工センターなどで入手できるラワンの角材でも、なんら問題はありません。

この場合、左図の寸法が入手できない時は細目を入手してください。太目はかえってカーブを出すのに苦労してしまいます。

シアー材の切り出し

板材に直線を引き、手ノコで切り出します（木びき）。この場合、テーブルソーを利用すると作業が容易に行えます。切り幅に合わせ、直線のガイド材をテーブルにクランプで固定します。材料を支える櫛（くし・自作）を2個セットするだけです。ビギナーは、日曜大工センターなどで切ってもらいましょう。

シアー材のスカーフカット

シアー材もパネルと同様に1:8のスカーフを切ります。シアー材は幅20ミリですからスカーフ長は160ミリです。

ノコで切り出しカンナで仕上げます。電動ノコを利用する場合は、パネルの切り出しと同様にガイドを重ねたシアー材にクランプで固定すれば即効です。

右ページの真ん中の写真はテーブルソーの上にかぶせ、前後に移動するテーブルを合板で自作したものです。テーブルはテーブ

TECHNIQUE
スカーフ作業に不慣れな場合は、初心者テクニックの「バットジョイント」を試みる。

合わせます。
テープを貼ったパッドはスカーフ編と同様です。

バットジョイント②

幅40ミリの合板（パッチ）を接着します。仮釘かステープルで硬化するまで固定します。

サイドパネルの場合は、シアーの通る部分は避けておき、ボトムパネルは通しで接着します。

バットジョイント③

パネルのジョイント部を上から見た図です。

今回製作するカヤックは、カーブのきつい所はありません、バットジョイントでも十分です。

バットジョイント①
パネルA／パネルB／ガイドライン

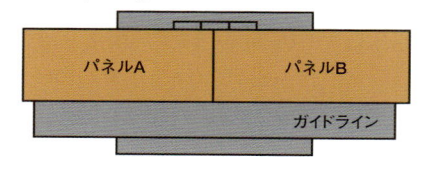

バットジョイント②
シアーの通る部分
パネルA 船内側／パネルB 船内側／ガイドライン／パッチ

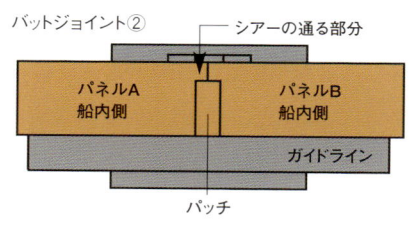

バットジョイント③
パッチ　上面図

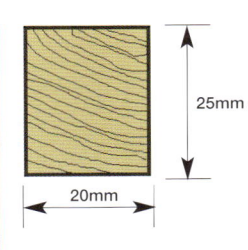

第4章　合板のカット及びシアー材の切り出しとスカーフ

必要となるシアー材の断面（20mm × 25mm）

電動テーブルソーによるシアー材の切り出し
- ガイド材
- 櫛

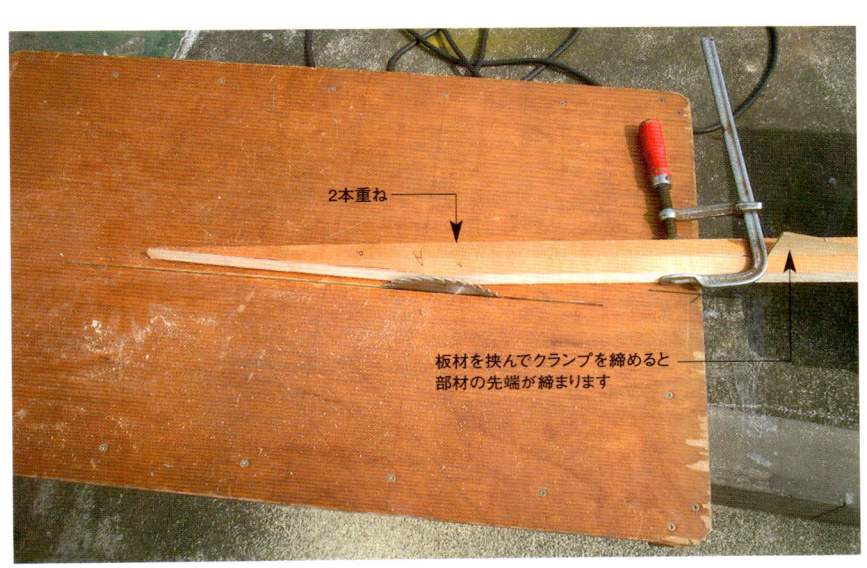

シアー材のスカーフカット
- 2本重ね
- 板材を挟んでクランプを締めると部材の先端が締まります

TECHNIQUE

左の写真はテーブルソーの上に被せ、前後に移動するテーブルを合板で自作したもの。テーブルはテーブルソーの側面に沿って前後に移動させます。テーブルの表面には升目45度のラインが描いてあります。切断したい部材を盤の上に手で固定して盤を押すだけです。

ルソーの側面に沿って前後に移動させます。テーブルの表面には升目と45度のラインが描いてあります。切断したい部材を盤の上に手で固定して盤を押すだけです。

シアーのスカーフジョイント

　手順は、パネルのスカーフと同じです。
　パッドの幅はシアー材と同寸、マスキングテープを張っておきます。仮釘やステープルはスカーフ部を避けた所に打ち、左右上下へのズレが止まったらクランプを掛けます。はみ出したエポキシ接着剤は取り除きます。

　ビギナーズには、シアー材をサイドパネルに直接接着してしまうという手もあります。シアーと同幅の合板のパッチを接合面に接着します。

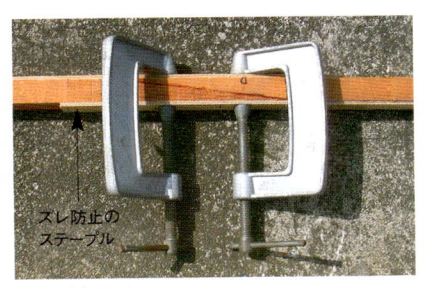

シアー材のスカーフ
- ズレ防止のステープル

39

How to make
your only one
"Sea Kayak"
シーカヤック自作バイブル

第 5 章　**ロフティング（原図）**

How to make your only one "Sea Kayak" シーカヤック自作バイブル

POINT
線を描くときは、水性ペンで。油性や鉛筆だとシンナーで希釈したコーティングエポキシを塗布すると消えてしまう。

TECHNIQUE
直線を引くのに「墨壷」は使用しない。右図の方法を用いている。前後に糸を張り、L字になった曲尺(かねじゃく)を当て、印を1mごとに付け、1mの定規でつないで直線を仕上げます。

スカーフやバットジョイントが硬化したら、パッドを外します。

細長いパネルの一枚に原図を描きます。サイドパネルは直線で構成されているので、この直線をパネルに直接描きます。

この作業の際に、プロは「墨壷(すみつぼ)」というものを使うのですが、私は「墨壷」は使用しません。正確な直線を墨壷で引くには、糸をつまみ、正確な垂直位置から糸を放さなければならないのですが、これが非常に難しいからです。私は下図の方法を用いています。前後に糸を張り、木片やアルミのL字を当て、印を1メートルごとに付け、1メートルの定規でつないで直線を仕上げます。

線はボールペンで描くと、細くクッキリ描けます。鉛筆は使用しません。ただしシンナーで希釈したコーティングエポキシを塗布すると消えてしまう。この場合は水性ペンです。従って前後センターラインなどは、水性ペンでラインを描きます。

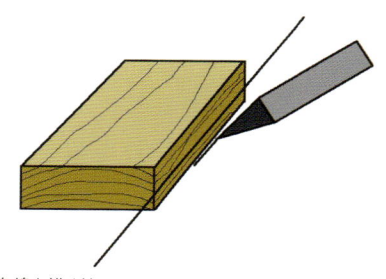

次にバウの高さ、スターンの高さを決め、垂直線を描きます。バウ及びスターンの角度を描き、センターライン、デッキビーム、前後バルクヘッドの位置をボトム側から直角に描いておきます(プラン図参照)。

ボトムパネルには、キールにゆるい曲線を描きます。パネル中央で0、バウ及びスターンで25ミリアップの曲線です。

スカーフしたシアー材などを定規として使用します。両端を重しで25ミリに固定し、中央を0位置まで押し下げて固定します。OKであればラインを描きます。中央にセンターラインを描いておきましょう。

反りや曲面が出来る法則

長方形の前後を止め中央を開いても寸胴(ずんどう)になるだけです(写真①)。

直線を描く前に、このようにして1mごとにマークを付けておくと、1mの定規でも4mの直線を引くことができます

サイドパネルのボトムから5ミリくらい上に、イラストの方法でまず直線を描きます(スカーフのひずみが修正できます)。

そこで、前後を斜めにカットして中央を開くと、優美なシアーライン(反り)とチャインのライン(反り)が現れます(写真②)。

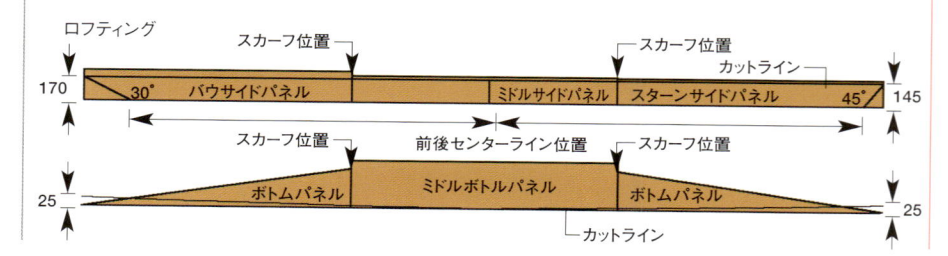

ロフティング

| 170 | 30° | バウサイドパネル | スカーフ位置 | ミドルサイドパネル | スカーフ位置 | スターンサイドパネル | カットライン 45° | 145 |

| 25 | スカーフ位置 | ボトムパネル | 前後センターライン位置 | ミドルボトルパネル | スカーフ位置 | ボトムパネル | カットライン | 25 |

第5章　ロフティング（原図）

② ─シアーライン
　 ─チャインライン

③ ④ ─曲線

⑤ ─キールライン

同様に単なる直線を繋いで開いたボトムはフラットに過ぎません（写真③）。
そこでキールラインに曲線を切り、これをつないで開くと（写真④）、ボトムの曲面が出来上がります（写真⑤）。②と⑤を組み合わせればハル（船体）になります。カヤックの船体は、このように形づくるわけです。

反りと曲面
厚紙で模型を作ってみると、シアーラインのカーブやキールラインの曲線の出来具合がよく分かります。

How to make your only one "Sea Kayak" シーカヤック自作バイブル

TECHNIQUE
切り出した小口の調整はカンナがベターだが、ビギナーは、フラットな木片にNo.80布ヤスリを付けてサンディングしても大丈夫です。

原図のカッティング

　各パネルは、重ね合わせて数カ所ステープルか仮釘で互いがずれないようにします。サイドパネルはすべて直線の組合わせです。パネルの切り出しと同じ手順で切り出します。ボトムのキールラインは、電動ジグソーか手ノコで、ゆるいカーブを切り出します。

　切り出したら小口をカンナで調整しますが、ビギナーは、フラットな木片にNo.80布ヤスリを付けてサンディングしても大丈夫です。

高さ25mmの曲線

切り出したサイドパネル

銅線を通す穴や センターラインを描く

　仕上がりましたら、パネルの縦横のセンターラインなどの各ラインを、片面および切断木口に描きます。

　次はボトムパネルのキールに沿って針金を通す位置を描き、2枚同時に直径1.5ミリの穴をドリルであけます。

　この穴の位置はキールエッジから6ミリ、間隔は10センチです。

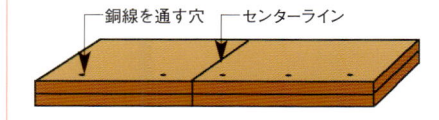

銅線を通す穴 ／ センターライン

　治具を使用すれば能率が上がります。後で、チャインやシアーの仕上げにも活躍します。

　間隔は10cmの定規（馬鹿棒）を切り、順繰りに印をつけます。

　印の付け始めはセンターラインの横を起点に左右に広げます。

　すべての穴が開きましたら2枚を離し、先程の各ラインをすべての面に描きます。

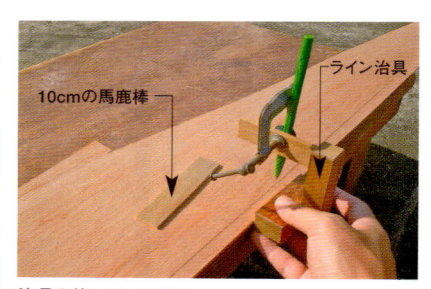

10cmの馬鹿棒 ／ ライン治具

治具を使ってレイアウト

How to make your only one "Sea Kayak" シーカヤック自作バイブル

第6章　組み立て作業

シーカヤック自作バイブル
How to make your only one "Sea Kayak"

TECHNIQUE

シアー材の固定に荷造り用テープを利用し、テープの上から直接ステープルを打ち込む方法も。テープを引けば簡単にステープルを除去できる。

シアー材の接着

シアー材の接着位置は、プラン図を参照して下さい（前後は高さ2ミリの弓状です）。

シアー材は10センチ間隔で固定します。

打込み傷防止と除去の容易さのために、ボール紙を台座にしてステープルか仮釘で固定します。

もう一つは、荷造り用テープを利用して、テープの上から直接ステープルを打ち込む方法です。テープを引けば簡単にステープルを除去できます。

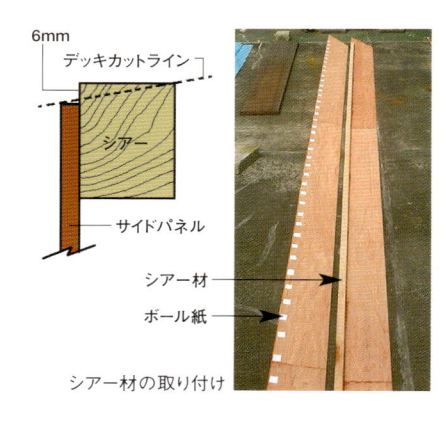

シアー材の取り付け

シアー材をスカーフしないで使うビギナーズテクニックとしては、シアー材をサイドパネルに直接接着してしまう方法があります。この場合、シアー材の接合面を覆うように幅を合わせたパッチ材を接着します。

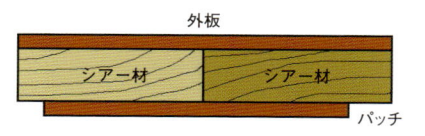

シアー材を直接サイドパネルに接着し、同時にパットジョイントも行います

サイドパネルの組み立て

まずバウ（船首）及びスターン（船尾）のシアー材の上に、20ミリくらいのビスを半分ねじ込みます。

サイドパネルの組み立て

船首、船尾の合わせ方

次にループ（輪）にした針金をねじ込んだビスにかけ、その後、センターラインの部分を任意の幅に広げます。

この作業でカヤックの最大ビーム（幅）が決定します。58センチで十分な安定性が得られ、55センチでスピードと安定性、52センチでパーフェクトなスピードが得られますが、ビギナーは58センチで妥協しましょう。

最大ビームが決定したら、細い材を利用してクギかビスでこの最大幅を固定し、バウ及びスターンの針金の輪の中にドライバーなどを入れてねじります。両パネルがピッタリ合わさったところで終了です。

バウとスターンに、等間隔で4〜5カ所穴を開け、銅線でねじり止めをします。

第 6 章　組み立て作業

ボトムパネルの組み立て

　左右のボトムパネルを銅線で結束し、左右のセンターラインを合せます。この段階は仮組み立てですから、銅線の結束は一つ飛ばしで十分です。

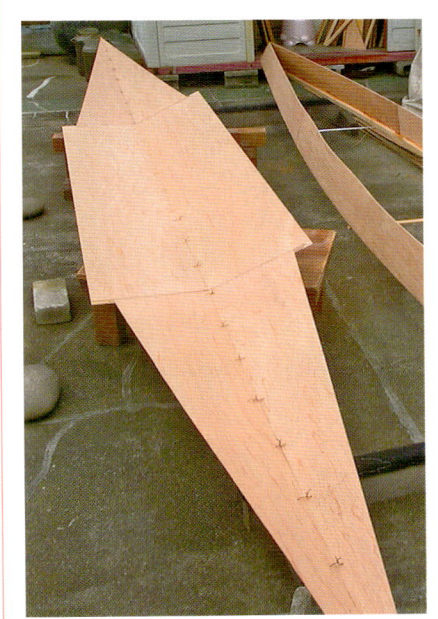

ボトムパネル2枚を接合すると、いい曲面が出る

チャインのトレース

　ボトムが組み上がったら、サイドパネルをその上にそっと載せます。
　チェックポイントは、ボトムのセンターラインとサイドパネルのそれがそろい、なおかつバウ及びスターンがボトムのキールラインにそろっていることです。
　この段階の各パネルはとらえ所のないくらい柔軟です。決して押さえつけることなくチェックをします。
　チェックが終了しましたらサイドパネルの内側ラインをボトムパネルにトレースします。
　このトレースには赤ペンを使用します。サイドパネルのひずみは無視します。このトレースはよりスムーズな片舷側のみ、バウからスターンまで赤ラインを引きます。

ボトムが組み上がったら、その上にサイドパネルをそっと載せる。ボトムのセンターラインとサイドパネルのセンターラインがそろい、かつバウ及びスターンがボトムのキールラインにそろったら、サイドパネルの内側ラインをボトムパネルに、バウからスターンまでトレースします。このトレースには赤ペンを使用します。サイドパネルのひずみは無視してかまいません。このトレースは、よりスムーズな片舷側のみでかまいません

ラインを引いたらボトムパネルの銅線をカットします。パネルを再度重ね合せ、正確にそろえ、仮止めをします。

POINT
組立段階の各パネルはかなり柔軟だから、間違っても押さえつけたりしないでチェックすること。

TECHNIQUE
このラインの直取り方法により、あらゆる船形に対応ができるのです。まさにフリープランの要ともいえる部分です。

How to make your only one "Sea Kayak"
シーカヤック自作バイブル

POINT
銅線の結束は一つ飛ばしで十分。

トレースには赤ペンを使用

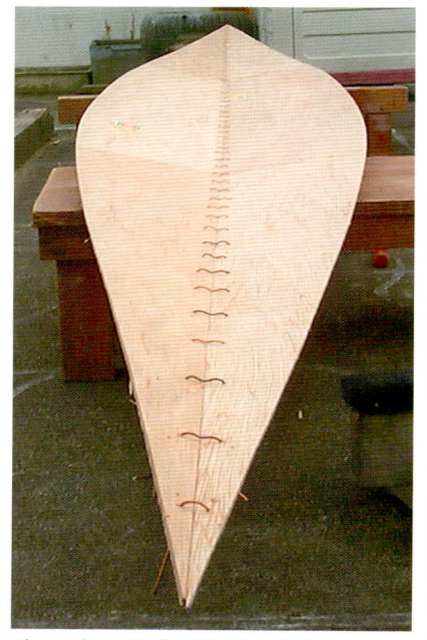

ボトムパネルの銅線を再結束したところ

本を、サイドパネルのエッジ（チャイン）上を横切るように横たえます。これで上に載せたボトムパネルの落下を防止します。

ボトムパネルをその上に載せます。この時、ボトムとサイドのセンターラインがそろうように調整します。

そろったら、ボトムパネルのセンターライン横の銅線穴の延長線上に対の銅線穴をエッジから6ミリの所に開けます。

銅線を差し込み軽くねじり、再度センターラインを確認し、OKであればしっかりプライヤーでねじり上げます。

反対側も同様な手順で結束します。ここを中心にして前後に結束を進めて行きます。

両エッジがそろうように結束していけばスムーズなラインが得られます。

なお、Y字状にひねり上げた銅線の先は、ラジオペンチでくるっと丸めておきまし

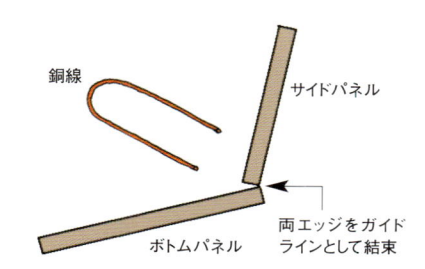

ボトムパネルとサイドパネルの接合

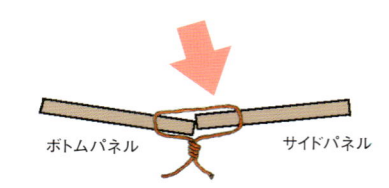

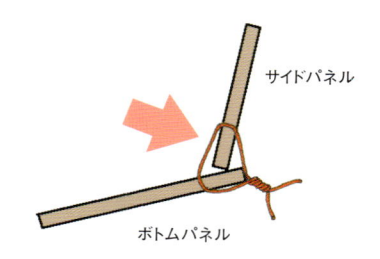

その後、柔軟なバテンを赤ライン上にセットし、スムーズな曲線に修正します。黒ペンで再トレースします。

2枚を重ね、ラインに沿って切り出します。切り口も仕上げましょう。

チャインに沿ってステッチホール（銅線を通す穴）を開け、再びキール中央部を銅線で再結束します。

船体の組み立て

いよいよ船体になります。

まず、サイドパネルのハル（船体）を逆さにセットします。

各パネルの切り出しで出た細い廃材2

エッジの修正

第6章　組み立て作業

POINT
各パネルの接合部のチェックをいいかげんにすると、後に修正する苦労します。

組み立てが終了したら、ステム、スターンの各内側に丸くテーピングし、ゆるめのマイクロバルーンパテを流し込みます

← パテを流す

ょう。衣服を引っ掛けたり、擦り傷を防止するためです。

こうして船体が組み上がったら、各パネルの接合部（エッジ）がそろっているか十分にチェックします。ズレている場合は小型のハンマーで叩きながら修正します。ここのチェックを怠ると後の修正に苦労してします。

チャインのフィレット

チャインとキールの内側にはフィレットを付けます。これにより外部のチャインを丸めることができます。

銅線で各パネルをステッチ（結束）して船体を組み上げます。両エッジがそろうように結束して行けばスムーズなラインができます。エッジの修正をするためには、各パネルの中心線を正確に合わせる

フィレットの手順

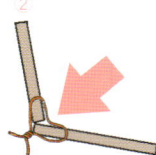

1.
2. ハル内の銅線中央部を一ドライバーなどでL字に押し曲げる
3. 適量のパテを割りばしなどでチャイン部に盛ります
4. ピンポン玉や小さな電球など（私はシュガースプーン）で一気にしごきます
5. 作業が終了しましたら使用した道具類はエポキシシンナーで清掃しておきます

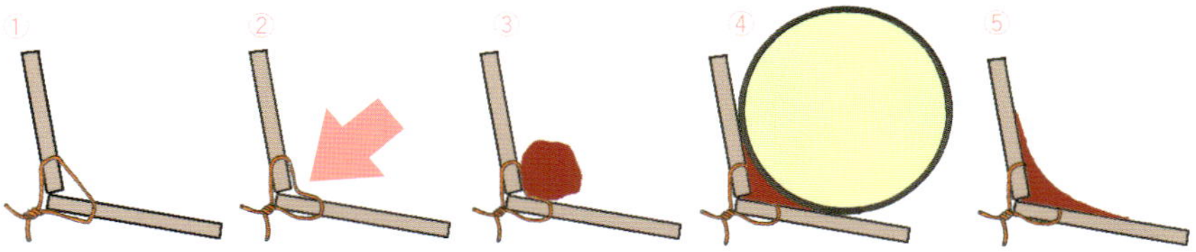

チャインの内側にフィレットを盛ります。盛った後は、このようにスプーンの裏側を押しつけて滑らかにします

はみ出たフィレットはヘラで取り除きます

49

How to make your only one "Sea Kayak" シーカヤック自作バイブル

TECHNIQUE
キールのフィレットの施工は、ゴムヘラを若干曲げて引くのがコツ。

TECHNIQUE
グラステープの施工では、コーティング用エポキシに10〜20パーセントのエポキシ用シンナーを加えると、扱いやすくなる。

　フィレットは、コーティング用エポキシにマイクロバルーンを混ぜたパテを作り施工します。はみ出したパテは最後にヘラで取り除きます。施工パテがゆるいとダレます。この場合はイラスト④の作業を繰り返します。フィレットの前にバウ＆スターンにパテを流します（31ページの「テープフィレット」参照）。

キールのフィレット

　キールに幅60ミリのフィレットを施工します。手順はチャインと同様ですが、ゴムヘラを若干曲げて引くのがコツです。フィレット面をフラットに仕上げても全く問題ありません。
　この時、キールにフィレットを付けると前後のセンターラインが消えてしまいます。そこで両バルクヘッド間のラインを、フィレットを盛らない所に記しておきます。あとで、シートの設置などの基準になります。

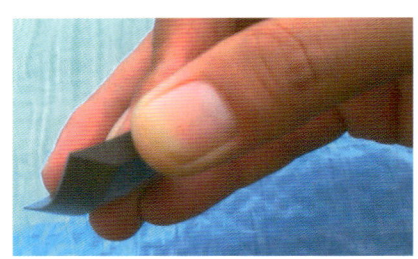

ゴムヘラを若干曲げて使います

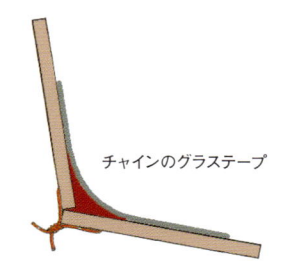

チャインのグラステープ

グラステープの施工

　チャインとキールのフィレットを覆うように、コーティング用エポキシでグラステープを張ります。バウ及びスターン部はテープを重ね合せます。

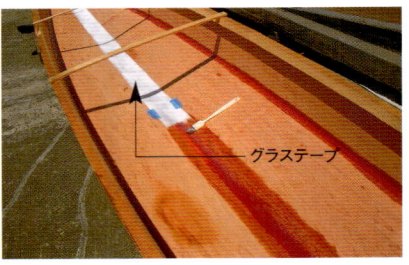

グラステープを貼ります

フィレット面をフラットに仕上げてもよい

キールのグラステープ

移したキールラインの基準線

フィレットでセンターラインが消えてしまうので、目印をフィレットがない所に記しておきます

　コーティング用エポキシに10〜20パーセントのエポキシ用シンナーを加えると、扱いやすくなります。気泡を残さないように施工します。刷毛は20ミリ幅くらいが扱いやすいでしょう。
　なお、使用済みのハケはエポキシシンナーで洗い、次に中性洗剤で洗い、ウエスに擦りながら乾かします。

ステッチ（銅線）の除去

　グラステープが十分硬化したら、銅線を除去します。ニッパーなどで銅線の根元ぎりぎりの所を切断します。
　残りのバリは、平（ひら）の鉄工ヤスリで外板（ハルパネル）と面（つら）いちに擦って仕上げます。

第6章　組み立て作業

銅線を切除した船体。かなり船らしくなってきました

船内の補強

コックピット内のカバリング

前後の各バルクヘッドより約15センチ延長させて、グラスファイバークロス（ガラスクロス）を施工します。

手順はグラステープの施工と同様で、キール部より左右に塗り広げていきます。硬化後に鉄工ヤスリで簡単にカットできるので、クロスはシアーの下まで施工します。

このカバリングにより、コックピット周辺は飛躍的に強度が増し、砂などの侵入に対する対磨耗性が向上し、耐水性が確保されます。

コクピット内のカバーリング

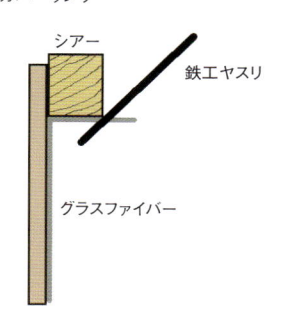

コクピット内にはガラスクロスを張りましょう

バルクヘッド位置の補強

前後の各バルクヘッド位置にグラステープを施工します。これは「やせ馬」現象を防止するためです。

「やせ馬」とは、やせてあばら骨が露出している状態を示しています。ハルに水圧が掛かると、バルクヘッドの個所があばら骨のように突き出てしまうからです。これを防止するために、ガラステープでバルクヘッド位置を補強するわけです。

バルクヘッドの位置の補強

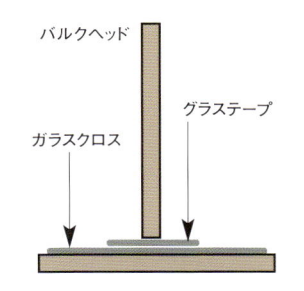

バルクヘッド
カヤックの船体の中に隔壁を設置することによって、完璧な空気室が得られ、これによってカヤックは不沈構造になる。

How to make your only one "Sea Kayak" シーカヤック自作バイブル

第 7 章　船体各部の工作

How to make your only one "Sea Kayak" シーカヤック自作バイブル

コーミングのレイアウト

コーミング材はハルパネルの切り出し時か、船体の組み立て後に、合板から80センチ間隔で2枚切り出します。コーミング材自体は、デッキが張り終わってからの作業ですが、バルクヘッドやデッキビームは、コーミングの切り残り材から製作するためです。コーミングは、5.5ミリ厚合板にレイアウトして切り出します。

コーミングのロフティング（原図）

コーミング天板

①センターラインを描きます。
②プラン図の通り、外円と内円の2種をコンパスで描きます。
③各円の頂点を直線でつなぎます。
④センターライン上、内円の外側10ミリに釘の通る穴をドリルで開けます。

コーミングリム

①センターラインを描きます。
②プラン図の通り、二つの円を描きます。
③円の頂点を直線でつなぎます。
④センターライン上、各円の内側10ミリに釘が通る穴をドリルで開けます。

コーミングサイドの曲線出し

曲線は円と円をつないだ直線を目安にして、直線の中心から10ミリ膨らまして描きます。直線だとスプレースカートが外れやすくなってしまうからです。

模型工作用5ミリ角材をマチ針で止めて描きます。3種類の円同士間、すべて同様です。

コーミングを実際に描く

コーミングは、1枚の合板からギリギリに切り出すので、正確にレイアウトしましょう。

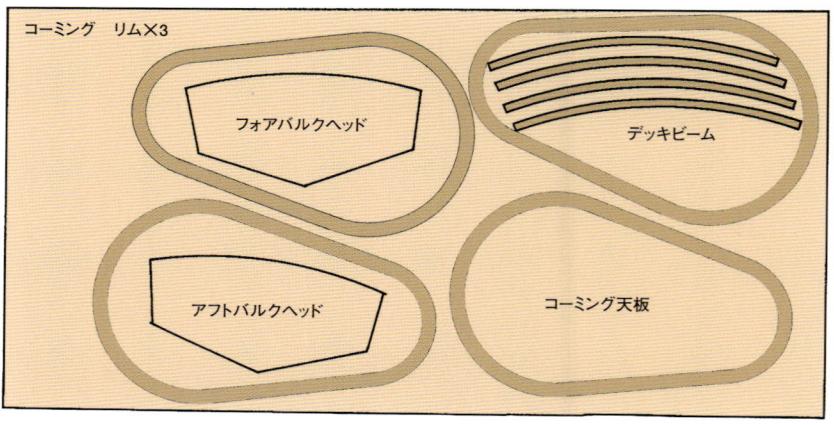

コーミング（Coaming）
縁材。パドラーが乗り込む甲板開口部の周囲に、海水などの流入を防ぐために合板を積層して甲板より一段高くして仕上げる。最上部のコーミングは一回り大きく仕上げ、この部分にスプレースカートを掛ける。

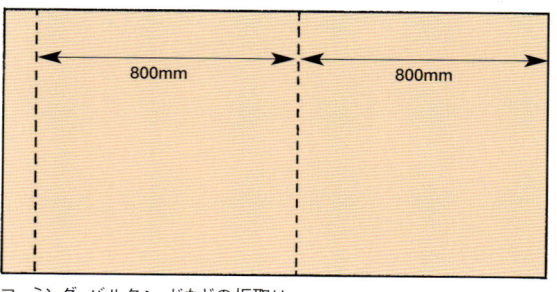

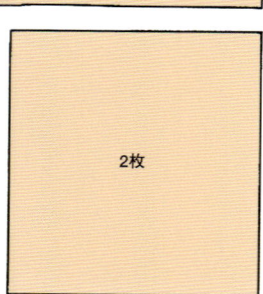

コーミング、バルクヘッドなどの板取り

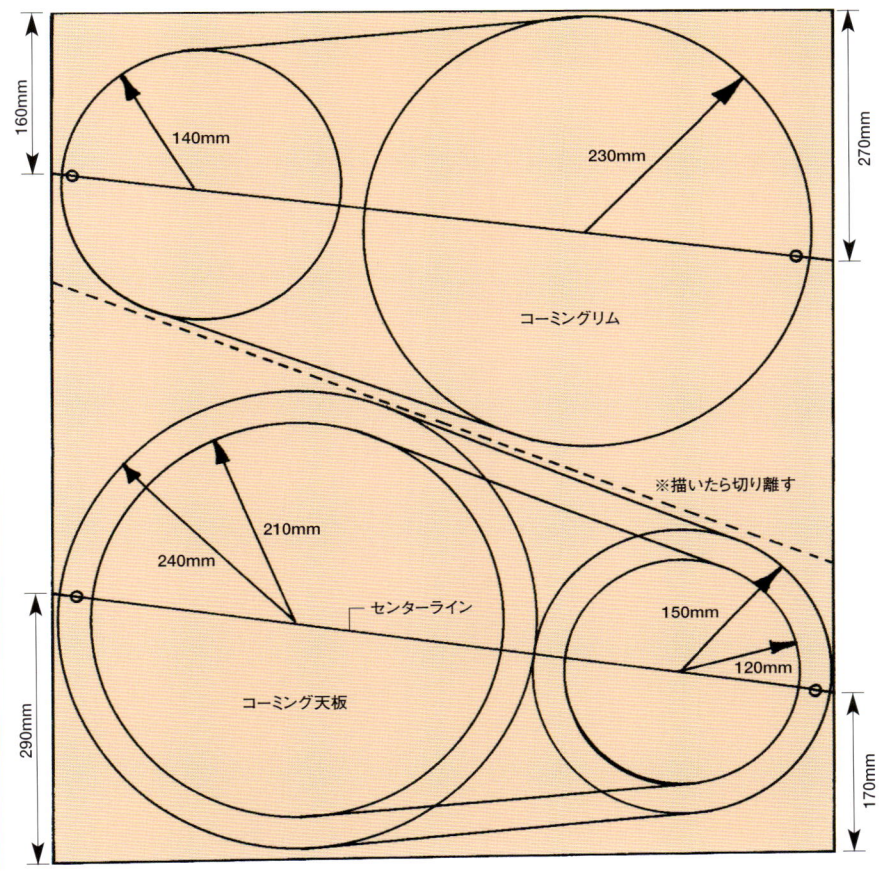

第7章　船体各部の工作

TECHNIQUE

コンパスの自作は簡単。細い角材の端に釘を貫通させ、一方にボールペンを輪ゴムでしばれば出来上がり。

コーミング等の板取り

（図中の寸法・注記）
- 160mm
- 140mm
- 230mm
- 270mm
- コーミングリム
- ※描いたら切り離す
- 210mm
- 240mm
- センターライン
- 150mm
- 120mm
- コーミング天板
- 290mm
- 170mm

センターラインの直線は1メートルのスチール定規で描きます。

コンパスは自作しましょう。細い角材の端に釘を貫通させ、一方にボールペンを

曲線の描き方

10mm

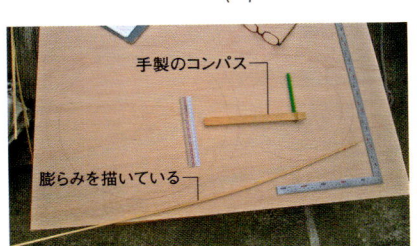

手製のコンパス
膨らみを描いている

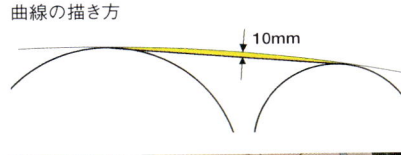

模型工作用5mm角材の両端をまち針などで止め、中央を10mm押し出して曲線を描きます。

輪ゴムで縛れば出来上がりです。

コーミングサイドの曲線を描いたら、天板とリムの外周ラインに接触しないように注意深く天板とリム間を切り、2分割します（コーミングレイアウトの線）。この段階ではコーミングラインは切り出しません。

コーミングの重ね合わせ

分割したリムをガイドにして、もう1枚の合板を同等に2分割します。分割は荒切りで結構、これで4枚のコーミング原板が出来上がりました。

①天板の前後に釘を立てます。この釘をガイドに、リムを描いてあるパネルを重ね合わせます。

②何も描いていない2枚を重ね、その上に

シーカヤック自作バイブル
How to make your only one "Sea Kayak"

POINT
天板とリムは1枚の合板から切り出すのだから、レイアウトは正確に。両方を2分割するときも注意深く。この段階ではコーミングラインの切り出しはなし。

TECHNIQUE
外周を切り出した後から内側4枚を切り抜くより、最初に内側4枚を切り抜く方式の方がよろしいようで。

釘で重なっている2枚を重ねます。ズレがないかチェックし、OKでしたら釘を抜き同径のドリルで4枚貫通させます。

③一度、4枚をバラします。一番下のリムに今度は下から上方に向けて釘を立てます。2枚目を釘に合せて重ねます。5カ所ぐらいラインに掛からない位置にステープルを打ちます。

④3枚目（原図が描いてあるリム）も同様に重ねてステープルを打ちます。

⑤最後に4枚目（天板）を重ねてステープルを打ち込みます。

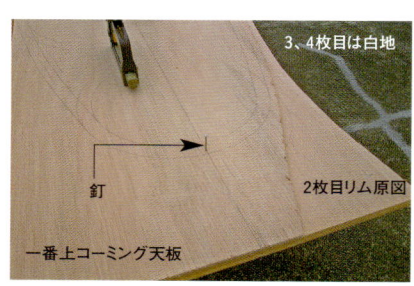

コーミングの重ね合わせ

コーミングのカッティング

コーミングは3段階に分けてカッティングします。
①コーミング内側4枚を、ジグソーの歯が入る穴を開けて一度に切り抜きます。
②天板だけ外し、一枚単独で外周をカッティングします。
③残り3枚重ねのリムの外周をカッティングします。切り出した4枚のコーミング材はデッキが張り終わってからの登場です。それまでに反ってしまわないように保管しておきます。

切り残りの合板もとっておきます。そこから各バルクヘッドやデッキビームを製作します。

右側上の写真は、外周の切出しを先に行い最後に内側4枚を切り抜いたものですが、作業性は、最初に内側4枚の切り抜く方式に軍配が上がります。

コーミングの切り出し1

各パネルは1枚ごとにステープルで固定します

切り出したコーミング材。外側から切り出したので、この後、内側を切り抜かなければなりません。実際にやってみたところ、先に内側を切り抜いたほうが、あとの作業が楽でした

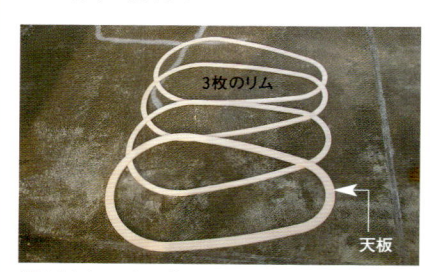

切り出したコーミングリムとコーミング天板

デッキビームの製作

デッキビームは通常ボトムから28〜30センチの高さです。

デッキビームの定位置（プラン図参照）でボトムから29センチ（仮）の高さの位置とシアーとの差を測定します。

5.5ミリ厚合板（コーミングのくりぬき材の残りを利用）上に正確な十字を描きます。デッキ幅（定位置で実測）を横軸にインプットします。

縦軸の中心の上部にシアーラインからの高さをインプットします。

これで3点が記入されました。

手製のコンパスを細い角材で作ります。角材の端に釘を打ち、支点とします。もう一方

第7章 船体各部の工作

デッキビームの位置

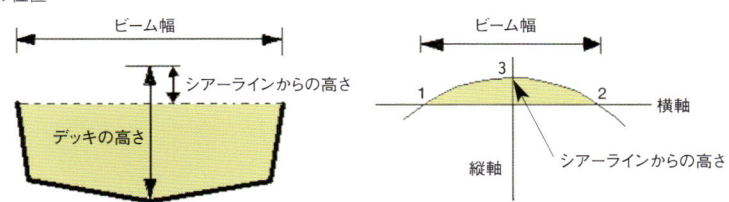

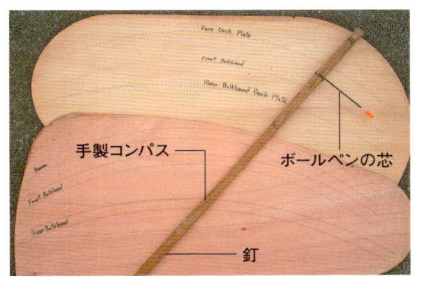

デッキビームの板取り

にはボールペンの芯を輪ゴムで固定します。

縦軸下方の線上に釘を置き、ボールペンが記入した3点を通過する位置をボールペンの位置をずらしながら探し出し、円を描きます。ビーム幅より若干長めに円を描いておきます。

このテクニックをマスターすれば設計はお手のものです。

ビギナーは、デッキの高さを29センチに設定しましょう。

同時進行でテンプレートを作成する

デッキビームの円を描いたら、コンパスの設定を変えないで、3ミリ厚合板の端材に、同様な直径で弧を2種類描いておきます。

1枚は凹用のテンプレートになり、2枚目は凸用のテンプレートになります。この2枚のテンプレートはデッキパネルを施工する際の治具になります。

再びデッキビームに戻り、ボールペンの位置を2センチ（ビームの厚み分）下げて円を描きます。これでデッキビームの原図が描けました。

全く同様な手順でアフトデッキ（アフトバルクヘッド）ビームの原図を合板上に描きます。アフトデッキの高さは26センチが適当です。

ビームの切り出しと積層

各ビームの原図が描けたら、大まかに切り出します。

コックピットのデッキビームは5.5ミリ厚合

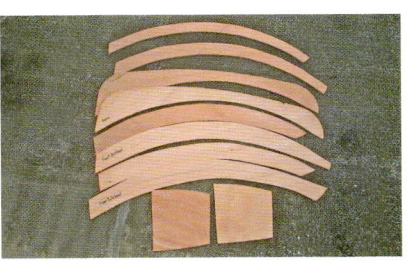

切り出したテンプレート

5.5mm合板から大まかに切り出したビーム材

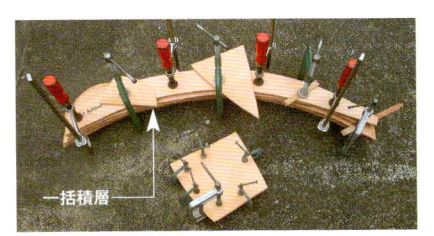

ビームの積層。硬化後、原図ラインに沿って正確にカットします。写真の中の四角形はフロントバルクヘッドハッチのベース用

テンプレート
シアー材にデッキパネルを接着する際、デッキのカーブに合わせてシアー材を削らなければならない。この時、デッキのカーブを写し取った雛型（テンプレート）を作製し、これを定規にしてシアー材を削る。

ビーム
カヤックの最大幅をビームと呼ぶ、ビームの幅はビーム材の長短によって決まる。

57

POINT
バルクヘッドは緩めに納まるくらいに。きつめだと船型を崩してしまうおそれあり。

板で3枚、フロントバルクヘッド用ビーム及びリアバルクヘッド用ビームは各々2枚の積層にします。

これらのビームの積層はおのおの重ね合わせて一度に行いましょう。硬化したら、ジグソーなどで原図ラインをカットします。これでビームの完成です。

ビームの製作方法には、モールド（型）を製作し、その上に押しつけながら積層する方法もありますが、この方法はあまりお勧めできません。モールドの製作に時間がかかるのと、スプリングバックというリバウンド、つまり予期したカーブより若干戻りが出てしまうからです。ここは直切りに限ります。

バルクヘッドの製作

船内に四角の板を入れます。

次に予めシアー材の角を切った治具や薄板をステープルで仮止めして、バルクヘッドの内側を型取りします。これをテンプレート（型板）にしてバルクヘッドを切り出します。バルクヘッドはコーミング材のくりぬいた部分を使用します。

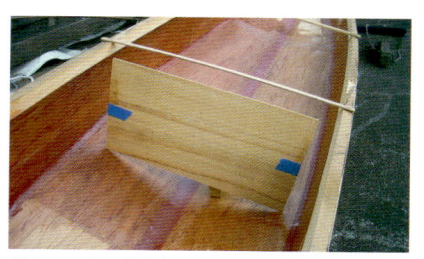

船内に四角の板を立てるように入れます

シアー角を予め切っておく

バルクヘッドテンプレート

バルクヘッドの取り付け位置にシアー材の角を切った治具や薄板をステープルなどで仮止めしてバルクヘッドの内側の型を取ります。これをテンプレート（型板）にしてバルクヘッドを切り出します

切り出したバルクヘッドを、船体内部に合わせ調整する

テンプレートでデッキカーブを描く

バルクヘッドのデッキ側は、テンプレートを使用してデッキカーブを描く

バルクヘッドは緩めに納まるくらいが理想です。きつめだと、船型を崩してしまうおそれがあります。

バルクヘッドの仕上げ

コックピット側はガラスクロスを施工しま

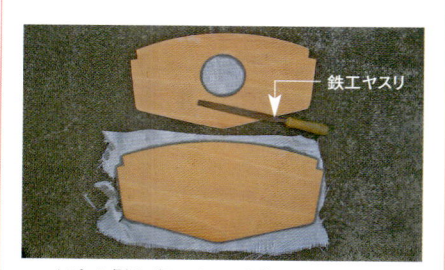

鉄工ヤスリ

コックピット側はガラスクロスを施工する

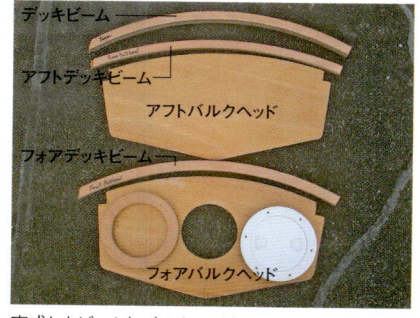

デッキビーム
アフトデッキビーム
アフトバルクヘッド
フォアデッキビーム
フォアバルクヘッド

完成したビームとバルクヘッドのパーツ

第7章　船体各部の工作

す。硬化したら鉄工ヤスリでカットします。45度にヤスリを当てれば簡単にカットできます。

ハッチリングはバウ側に接着します。ハッチは艤装の段階でコックピット側からビスで固定します。

シアーの調整

次に、テンプレートを使用してビームやバルクヘッド位置のシアー材を調整します。この時の基準点は、サイドパネルの外側上端です。この調整作業には木工用鬼目ヤスリが重宝します。左右交互に削りましょう。

シアーの調整には、テンプレートを舷縁に対して直角に当ててチェックします

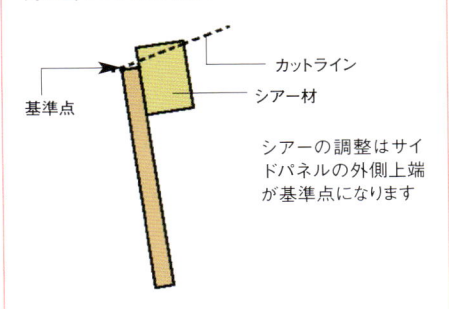

シアーの調整はサイドパネルの外側上端が基準点になります

テープフィレット工法

ビームの取り付けは、シアー材にピッタリと合せて切る必要はありません。

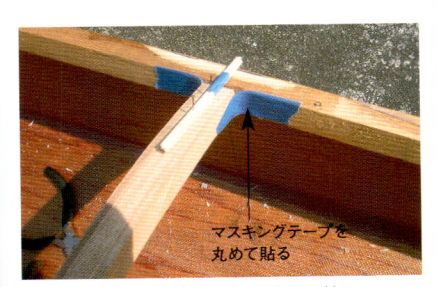

マスキングテープを丸めて貼る

マスキングテープを使ったビームの取り付け

取り付けが済んだビーム

私はビームの上端をV字に開け、ビームが落下しないように割りばしなどを仮釘で止めます（天ぞろえになります）。後はマスキングテープでコーナーを付け、テープと材料の間にエポキシ接着剤を注入しています。

バルクヘッドの取り付け

バルクヘッドを所定の位置にセットし、直角のヘラを使用してエポキシ接着剤をしごきながら押し込みます（点付けで構いません）。硬化したらマイクロバルーンのパテでフィレットを切ります。

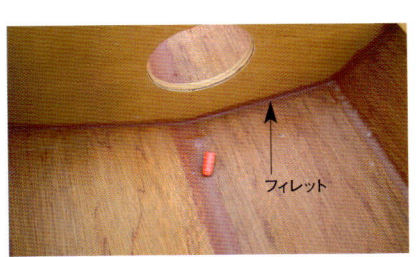

バルクヘッドの取り付け

バルクヘッド及びデッキビームの取り付けが終了

TECHNIQUE
テープフィレット工法は、いわば"八木工法"。お試しあれ。

バルクヘッド
カヤックの船体の中に隔壁を設置することによって、完璧な空気室が得られ、これによってカヤックは不沈構造になる。

フィレット
バルクヘッドをボトムに取り付けるとき、継ぎ目の内側につける厚いエポキシの縁材。フィレット用のエポキシを混合するときに用いる添加剤は、接着剤をよく吸収する木粉が安上がりなうえ、硬くて強いペーストが作れる。私のいうフィレット工法とは、一定の角度をもって接着した部材の内側に、エポキシパテを施工して部材同士の接着強度を高める接着テクニックのことです。

バウとスターンの工作

バウの先端部分は、マイクロバルーンパテを詰めます。次にデッキアイ用のベースを取り付け、ふたをします。

これらの作業は、ビームと同様にテープフィレット工法で接着します。

スターンも全く同様に仕上げます。

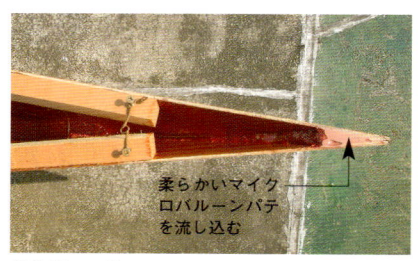

POINT
シアーの反りには平カンナはNG。前後に丸い曲面の付いた反りカンナで。

船首部の工作1

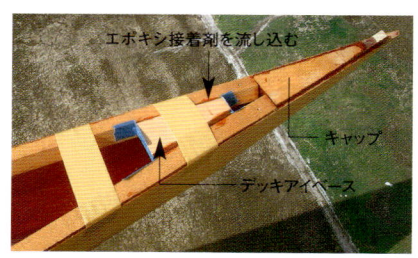

船首部の工作2

シアーの最終調整

接着剤が硬化したら、シアーの削り出しです。

テンプレートを当て、削ってゆきます。基準点は両サイドパネルの外側上端です。

シアーには反りがありますから、底の平らな平カンナではうまく機能しません。前後に丸い曲面の付いた反りカンナが有効です。

ビギナーは、木工用鬼目ヤスリがおすすめです。上の写真はデッキビームの下側に40番の荒い布ヤスリを取り付けた簡易ヤスリです。

コックピットを境に、バウ側とスターン側のデッキカーブの曲率は違います。前後デッキパネルが落合う位置はサイドパネルセンターラインから150ミリ後方ですので、この位置では互いのカーブがスムーズに溶け込むように仕上げます。

シアーの削りだし

布ヤスリを取り付けた簡易ヤスリでのシアーの削りだし

船首部、船尾部のシアーのチェック

トランサム

通常、カヤックの船尾は、船首と同様に仕上げます。

船首と同様に、オーバーハングのある形に仕上げられた船尾は、追い波の影響を余り受けないといわれていますが、水

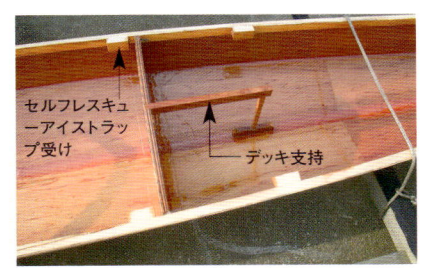

第7章　船体各部の工作

①

② 3mm合板2枚の積層

③

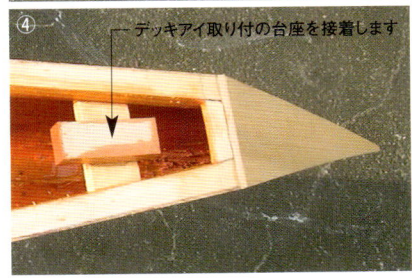

④ デッキアイ取り付けの台座を接着します

セルフレスキューアイストラップ受け　　デッキ支持

デッキ下のパーツはこの時点で取り付けておきます

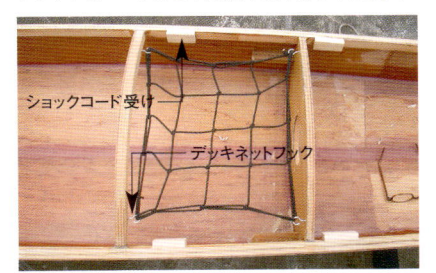

ショックコード受け　　デッキネットフック

デッキロッカーのネットも取り付けます

線長を長く取り、スターンの軽量化をはかるとすれば、必然的にリバーススターンになります。

作業としては、船尾を写真のようにカットして、カバー材を接着するためののりしろや補強材を付けます。

アンダーデッキのパーツ

アイストラップなどの台座は、通常シアーに直接取り付けるので、デッキ下の船内には必要ありません。デッキ支持も不必要です。

デッキロッカーのネットを取り付けますが、ネットは100円ショップで売っている自転車用で十分です。ネットには、取り外しができるフックをねじ込んでおきます。

エポキシ樹脂コーティング

チリやホコリをきれいに取り除いたら、船内全体をエポキシ樹脂コーティングします。

エポキシ樹脂は、ビニールコーティングのような艶が出るまで、最低2回は塗布します。特に前後の気室内は、デッキを張ると再塗装ができません。丁寧に塗り込んでおきましょう。

ちなみにエポキシ樹脂は、エポキシシンナーで希釈すると塗りやすくなります。ハケ塗りがベターです。

アイストラップ
主にヨット用の艤装品。この金物をデッキに取り付けてロープなどを縛る。あまり力の掛からない所には、軽量なプラスチック製のアイストラップを使用する。

How to make your only one "Sea Kayak" シーカヤック自作バイブル

第 8 章　デッキの製作

How to make your only one "Sea Kayak" シーカヤック自作バイブル

POINT
シアーラインのトレースは鉛筆で、デッキの切り出しは手ノコで。

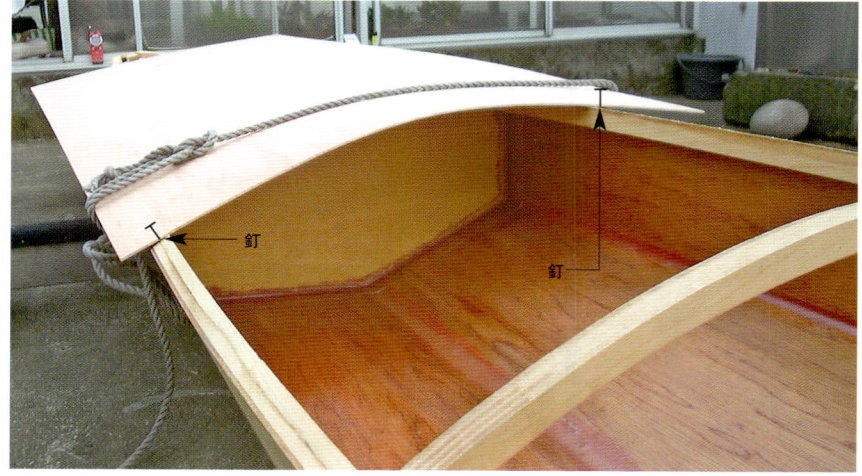

デッキパネルを船体に合わせて、シアーラインをトレースします

デッキパネル合わせ

　バウ側及びスターン側のデッキパネルの合わせ位置は、サイドパネルセンターラインから後方50ミリ（プラン図参照）の所です。

　この位置にラインを入れ、釘かビスを打ちます。デッキパネルをこの釘かビスに合わせ、知人に押さえてもらうかシートでしばるなどして、カーブを維持します。

　裏からシアーラインをトレースします。この場合、上向きに描くため、ボールペンはインクの出が悪くなるので、鉛筆の方がベターです。

デッキの切り出し

　デッキパネルは、1センチくらいの余裕をもって手ノコで切り出します。残りのパネルは前後のデッキ用ですから、レイアウトには注意しましょう。特にビーム幅を58センチ以上に設定した場合、注意が必要です。あまり余裕をもって切り出すと不足してしまいます。

　ビギナーは、事前に、デッキパネルの継ぎ手にデッキビームを入れておきましょう。このデッキビームは、各々のテンプレートを使用して、デッキカーブを描き、5.5ミリ厚合板3枚の積層仕上げにします。

デッキパネルは1センチ程度の余裕を持って手ノコで切り出します

第8章　デッキの製作

位置は前後デッキパネルの接合位置（サイドパネルセンターラインから後方150ミリ）から計測し、デッキビームのセンターにデッキパネルの縁が半分掛かる位置です。

デッキビームの取り付け方法は、テープフィレット工法です。デッキパネルはこのビームの上で直接つながります。

これはかなり有効な方法ですので、ビギナーに限らずお勧めです。

デッキパネルのスカーフ

スカーフはオーソドックスな工法です。前述の追加デッキビームなしで、スカーフしたデッキ材を、デッキに1枚張りします。

デッキパネルのスカーフは、ほかのパネルと同じ

デッキをクリアー仕上げにする場合は、切りしろの部分にステープルを打ち、重石かクランプで固定しましょう。

デッキの製作

デッキカーブの基本

3ミリ厚の薄い合板にカーブを持たせると、飛躍的に強度は高まります。これこそがモノコック構造の要です。このカーブは上から押しても曲がりません。

従って、デッキを張る場合決して上から

デッキカーブの作り方

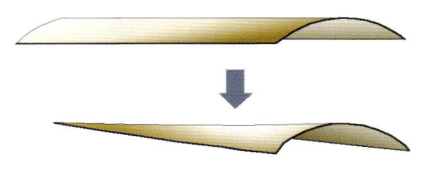

両側から圧縮してカーブを維持し、ビームの天とステム先端がストレートになるように接着します

押さえつけてはいけません。押さえ付けてデッキを張りますと、反りが出たように錯覚しますが、ステム（船首材）辺りで折れを生じます。

釘位置決め治具の作製

デッキを張る（組み付ける）際は、釘で仮止めしていかなければなりません。この釘を打つ位置を正確に出すための治具を、まず作ります。

釘は、なるべくサイドパネルよりのシアー材に打ち込みます。

釘位置決め治具 ─ 仮釘
デッキ ─
シアー材 ─

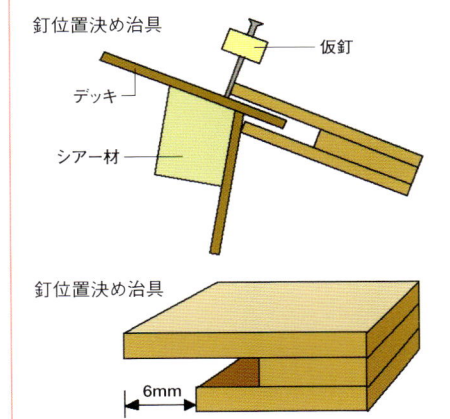

釘位置決め治具

6mm

デッキ固定用の釘

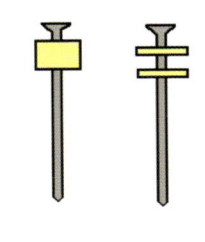

デッキを固定するための釘は、市販の「仮止め釘」を使用するのが便利です。ただし、打ち込み過ぎてしまうと折角の押さえが取れてしまいます。長さ20mmの極細釘に、ボール紙2〜3枚を挟み、打ち込む方法が確実です。除去も容易です。ステープルによる仮止めは保持力が足りません。

> **POINT**
> 押さえ付けてデッキを張ると反りが出たように錯覚するが、ステム（船首材）辺りで折れを生じる。

How to make your only one "Sea Kayak" シーカヤック自作バイブル

TECHNIQUE

デッキパネルの裏面にコーティングしたエポキシ樹脂が硬化する前に張ること。硬化すると突っ張ってカーブを出しにくい。

余りの5.5ミリ合板から、幅30ミリ、長さ150ミリの板を3枚切り出し、前ページ図の通りに組み合わせ、ステープルで固定します。

グループによるデッキ張り作業

デッキパネルの裏面は、エポキシ樹脂を、艶が出るまで2回コーティングしておきます。デッキはこのコーティングが硬化する前に張ります。硬化させてしまうと、硬化面が突っ張ってカーブを出しずらくなってしまいます。

シアー及びデッキビーム、バルクヘッドにはやや多めにエポキシ接着剤を施工します。多少のギャップを埋めるためです。

いよいよデッキの組み付けです。

まず、デッキパネルを定位置に合せます。バウ側デッキパネルは、デッキビームに合わせて両シアーに1人が押さえつけ、このシアー部分に釘を打ちます。

このデッキビームのカーブを維持しながら10センチ間隔で進めます。すべての打ち込みが終了したら、デッキビームより後方のコクピット側を決めます。

デッキ張り作業は知人や友人に手伝ってもらうとスムーズに進行できます

前後パネル同士の接着はしません

アフトデッキの基準はアフトバルクヘッドのカーブです。

両デッキパネル同士は接着しません。段違いが生まれますが、これはコーミングの積層でフラットに仕上げます（次章で説明します）。

1人で行うデッキ張り作業

写真の治具は、1人でデッキ張りをしたい、しなくてはならないの人のために考えたシステムです。

写真の位置関係に合わせて、垂木とコンパネの廃材を利用して、下の写真のように治具を作ります。

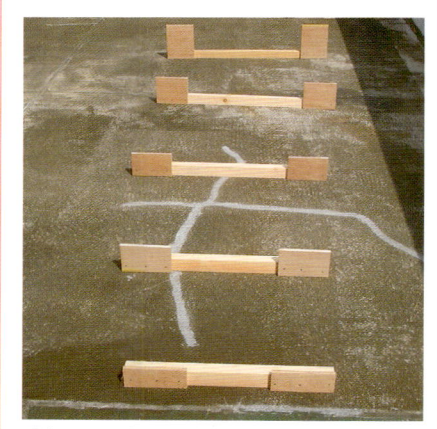

垂木とコンパネの廃材を利用してこのような治具を作ります

治具を使って孤立無援でデッキ張りをするために考えたシステムです

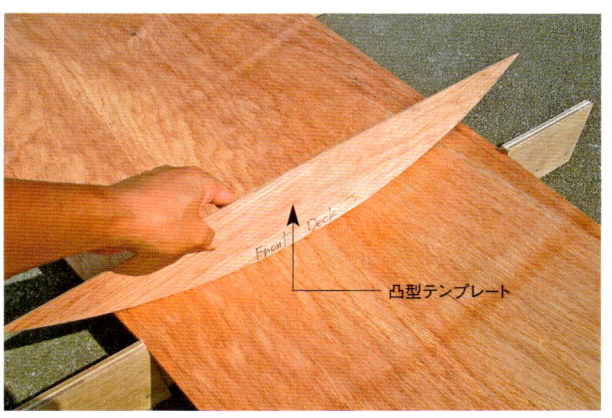

第8章　デッキの製作

TECHNIQUE
エポキシ樹脂のコーティングは、あくまで曲面を保った状態で行うことが肝要。

デッキのセット（凸型テンプレート）

仮セットしたデッキは、船首近くに仮釘を1本打っておきます（仮釘）

　フォアデッキのカーブの基準はデッキビームであり、アフトデッキの基準はアフトバルクヘッドです。

　使い方は、デッキ治具にデッキパネルをセットして、先に製作しておいた内径のテンプレートを使用してカーブをチェックします。カーブは治具を前後させたり、クサビで調整します。

　その後、デッキパネルを仮セットします。OKでしたらバウに仮釘を1本打ちます。この釘は、接着剤の塗布後デッキの再セット時のガイドラインとなります。

エポキシ樹脂コーティング

　1人作業の場合は、デッキを治具に仮セットした段階で、デッキ裏面をエポキシ樹脂でコーティングします。あくまで曲面を維持した状態で、ハル内部と同様にエポキシ樹脂コーティングを行います。

　コーティングが終了したら、即シアーに接着剤を施工しデッキを張ります。

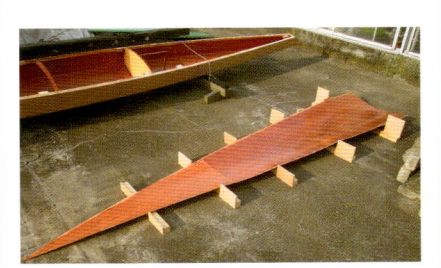

この段階で、デッキ裏面にエポキシ樹脂でコーティングしましょう

1人作業でのデッキの接着

　シアー材には、若干多めにエポキシ接着剤を施工します。ギャップを充てんさせるためです。

　デッキの固定には長さ20ミリの極細釘を使用します。ステープルでは保持力が足りません。

　船体の両端近くでは、ハタガネでデッキ面にカーブを付けましょう。

　デッキを張ったら、すぐにコクピットの穴を切り開けなければなりません。

デッキの接着（20ミリの極細釘）

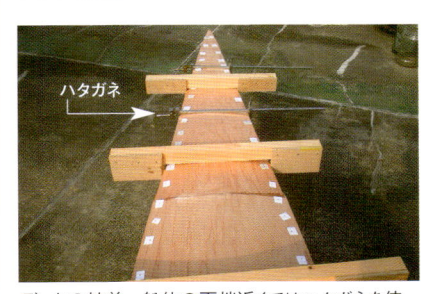

デッキの接着。船体の両端近くではハタガネを使ってデッキ面にカーブを付けてください（ハタガネ）

67

How to make your only one "Sea Kayak" シーカヤック自作バイブル

第 9 章　船体の工作

シーカヤック自作バイブル

POINT
コーミングの天板外周に丸みをつけ、内側は一切手をつけないで定位置に接着する。

コクピット

　コックピットは、デッキが張り終えたら、間髪入れず切り開けます。デッキの段違いが硬化してしまう前に補正するためです。サイドパネル（舷側）に描いてある前後バルクヘッドの各位置、及び前後のセンターラインを出し、既に切り出してあるコーミングリム（輪ぶち）を合わせ、前後2カ所軽く釘止めします。その後、内側をボールペンでトレースし、ジグソーでカットします。

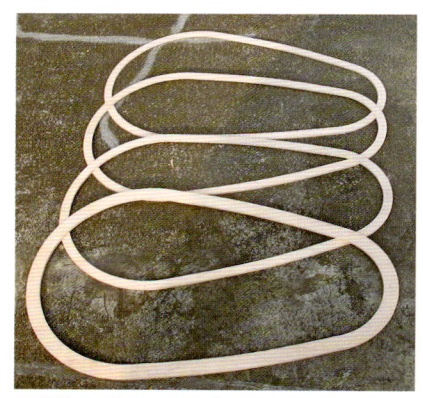

切り出した4枚のコーミング

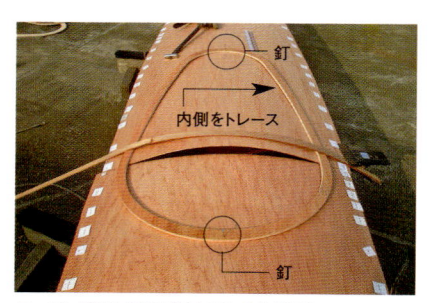

コーミングリムを軽く釘止めして内側をトレース

ジグソーでカットします

コーミングの積層

　コーミングの積層には2種類の方法があります。
　一つは、4枚のコーミング材すべてに接着剤を施工し、一度にデッキに接着してしまう方法です。すべての整形は現場合わせとなる速攻タイプです。
　二つ目は、コーミング自体には接着剤を施工しますが、デッキ面とは接着しない方法です。硬化後に一旦外し、整形後再度接着する丁寧タイプです。
　いずれかを選択して下さい。

　接着剤の施工は天板裏から始め、前後に釘を立てます、次々に接着剤を施工し、釘をリードにして重ねます。
　速攻、丁寧の両タイプとも手順は同じ、最後の接着剤を施工するかしないかの違いだけです。
　コーミング材のすべてに接着剤を施工したら、デッキの段違い部分に少量の接着剤を施工します。
　接着剤の施工済みコーミングセットを、デッキ上に移動し、前後の釘穴に合わせます。合ったら釘を少し打ち込みます。この釘打ち法を用いずに積層すると、収拾がつかなくなってしまう恐れがあります。クランプで締めると、接着剤が潤滑剤になって、ズレてしまいます。

　丁寧タイプ派は、デッキの段違いに施工した接着剤との接着を避けるために、マスキングテープを施工しておきましょう。
　釘でコーミングを固定したら、左右均等にクランプを掛けます、一方的に掛けてしまうと偏りが出てしまいます。
　クランプ締めには、あらかじめクランプパッド（端材）を用意しておき、これを挟んでから締めます。クランプマーク（締め跡）を付けてしまわないためです。また、デッキ裏

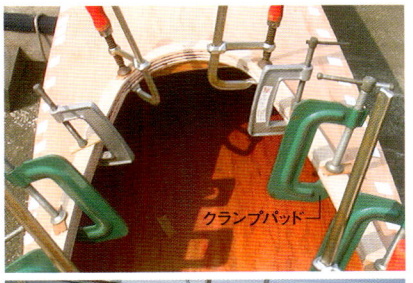

第9章　船体の工作

コーミングの整形と仕上げ

　接着剤が硬化したら、エポキシ樹脂とマイクロバルーン混合のパテを作ります（ダレない程度の粘度）。

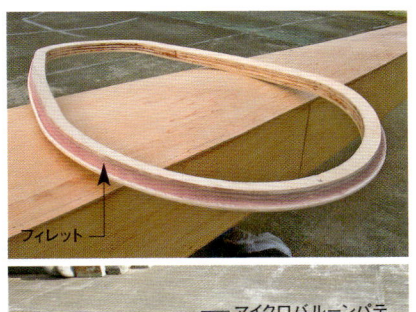

POINT
コクピット内前後バルクヘッドとデッキの接点にあるフィレットを、ついでに切っておく。

手持ちのクランプを総動員させます

クランプパッド

段違いはフラットになります

フィレット

マイクロバルーンパテ

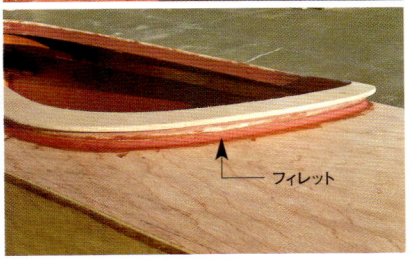

フィレット

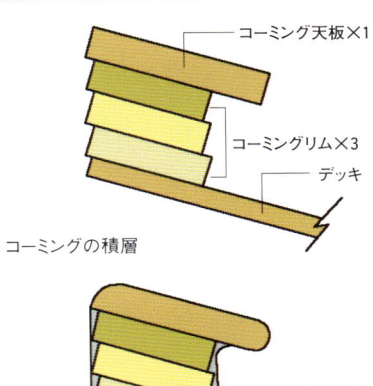

コーミング天板×1
コーミングリム×3
デッキ
コーミングの積層

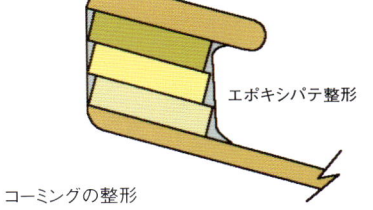

エポキシパテ整形
コーミングの整形

　面のコーティングとの接着を回避するため、裏面のパッドにはマスキングテープを張っておきます。
　デッキの段違い部分は、両デッキにまたがるようにデッキ裏パッドを配置し、中央にクランプを掛けます。これで前後のデッキパネルはスムーズにつながります。

　すべてのクランプ締めが終わったら、最後に釘を抜きます。速攻派はつまようじに接着剤をまぶして釘穴を埋めます。
　丁寧にやりたい人は、コーミングの積層が硬化後、コーミングを外し天板裏面にフィレットを切り、天板外周に丸みをつけます。
　コーミング内側は一切手をつけないで、定位置に接着します。

How to make your only one "Sea Kayak" シーカヤック自作バイブル

POINT
残念ながら、市販ハッチの方が自作ハッチより水密性に優れています。この際市販ハッチを使用します。

コーミング内側はヘラでフラットに施工し、外側デッキ面との接着部分は豆電球やビー玉等を利用してフィレットを切ります。このとき、コクピット内、前後バルクヘッドのデッキ接点に、フィレットをついでに切っておくことがポイントです。

パテが硬化したら、反りカンナ、木工ヤスリ、No.40〜80の布ヤスリ等で前ページ図の様に仕上げます。

ハッチの作成

ハッチはデッキを切り抜き、ふたを作り、周囲にゴムパッキンを張ります。自作ハッチは水密性が若干劣ることは覚悟しておいてください。市販のハッチは水密性に問題ありませんので、それを前後のデッキ面に取り付けるのがベターと言えます。

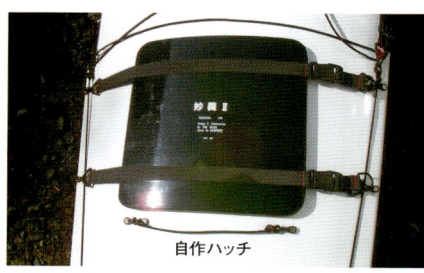

自作ハッチ / ゴムパッキン

自作ハッチ

ハッチを前後バルクヘッドに取り付けたもの。使い勝手は余りよくありません

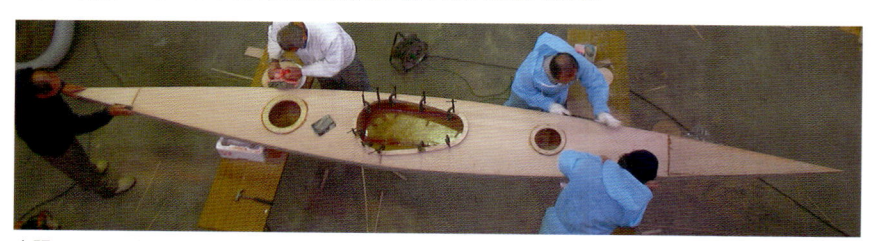

アフトバルクヘッド / フロントバルクヘッド

市販のハッチを前後のデッキ面に取り付けるのがベターといえます

市販のデッキハッチ

デッキハッチのベース材（表／裏）

第 9 章　船体の工作

ハッチベースの製作

ハッチのベースは合板を積層して作ります。

サイズはハッチの外周より10ミリ大きく、厚みはデッキテンプレートを利用して中央部がデッキ面上に10ミリ出て、下部がデッキ面下に埋まる厚みとします。

ベースはデッキを貫通させます

ハッチベースの取り付け

デッキベースの外周と同寸の円をコンパスでデッキ上に描きます。それをジグソーでカットし、木工ヤスリで擦り合わせ、ベースを納めます。緩過ぎてしまったら仮釘で固定します。

①

② 接着剤を流す

③ フィレット

つまようじなどで接着剤を外周に施工し、硬化しましたらエポキシパテで外周にフィレットを切ります。

デッキを切りそろえる

まずデッキの仮釘を除去します。

プライヤーで釘を引き抜くのではなく、釘をくわえたらプライヤーを捻り、「テコの原理」で抜くと楽に除去できます。

その後、はみ出しているデッキパネルを切りそろえますが、下の写真のようにノコを支えながら切ると、きれいにカットできます。

舷側にノコを押さえつける

慎重に切りそろえましょう

シアー、チャイン、キールラインを丸く落とす

シアー、チャイン、キールの各ラインを丸く削り出します。

チャイン、キールの丸く削る限界は、ステッチした銅線の範囲内です。シアーラインに関しては任意に丸めることができます。

イラストのように面で落としていきます。この作業では平カンナが重宝します。

最後はNo.40の布ヤスリで丸みを出し、No.80、No.100と順次仕上げます。布ヤスリは前後に掛ける回数と上下に掛ける

TECHNIQUE

ノコの使い方は慎重に、力の加減に気をつかい、ゆっくり切りそろえていく。

How to make your only one "Sea Kayak" シーカヤック自作バイブル

TECHNIQUE
布ヤスリは、前後と上下に掛ける回数を同数にすると、丸出しが均一になる。

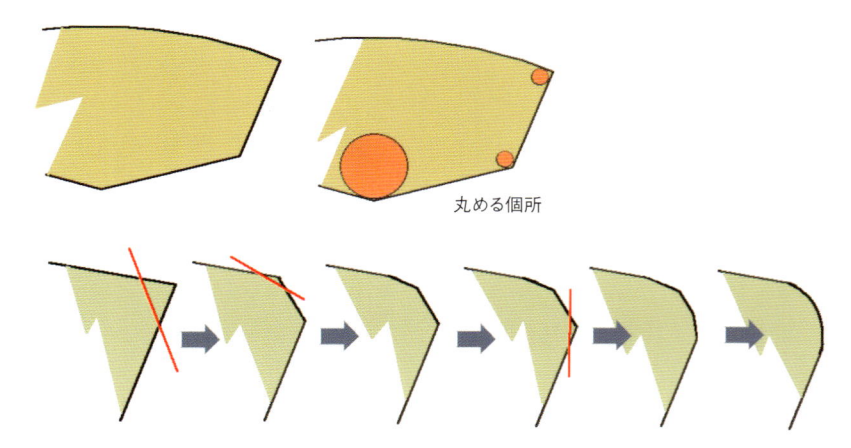

丸める個所

シアーを丸める手順

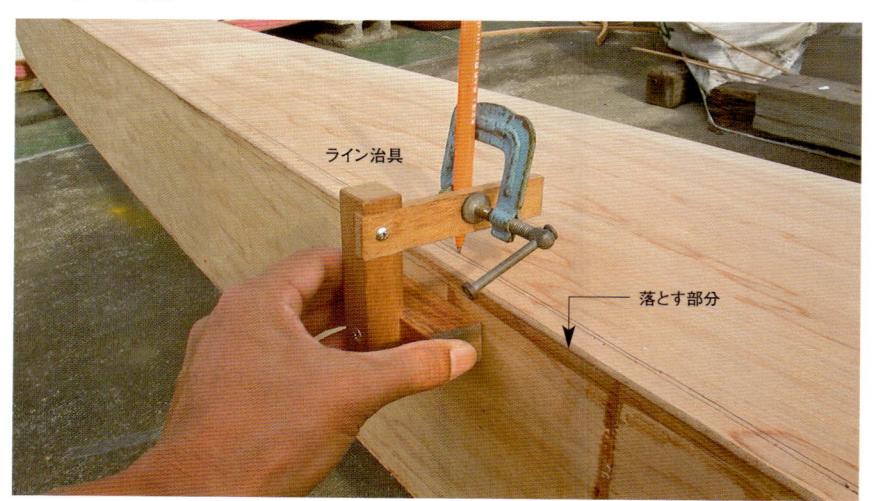

ライン治具

落とす部分

ライン治具を移動させてカットラインを描く

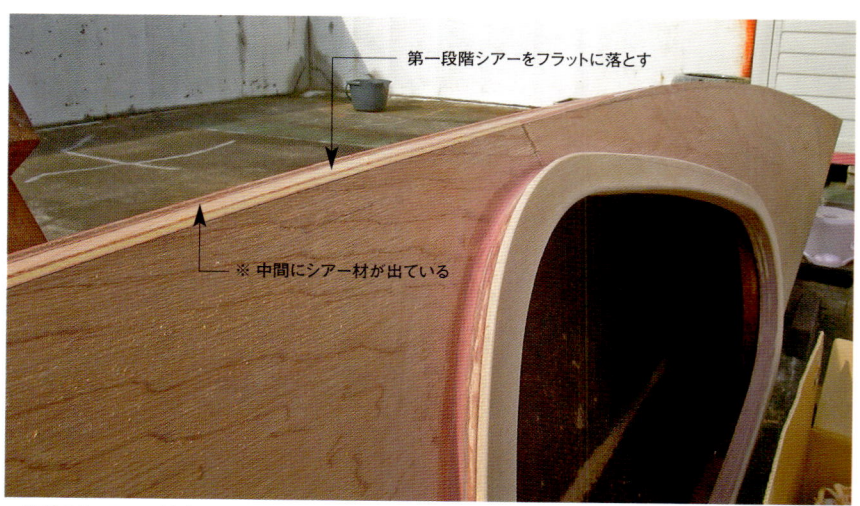

第一段階シアーをフラットに落とす

※中間にシアー材が出ている

一段目のカッティングを行った状態

第9章　船体の工作

回数を同数にしますと均一な丸出しが可能になります。

バウ（船首）の整形

船首先端は十分に丸めておきましょう。先端が鋭利だと漕ぐ凶器になってしまいます。船首の整形は、写真の手順で行います。

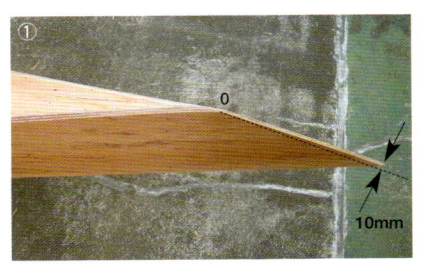

① ボトム側を0、船首先端10mmの直線をカットします。これでバウ断面は細長いV字型になります。

② シアー及びバウを丸めますと、船首の先端は円錐状に尖ります

③ 船首の円錐をカットします、カットの程度はシアー及び船首の丸みと同程度を目安とします

④ 船首先端を丸めれば仕上がりです

トランサム（船尾）の整形

基本的には、船首と同じようにとがった船尾なら、船首と同様に仕上げます。

リバーススターンにして、トランサムを付けた場合は、シアーラインの丸みがトランサム先端に向かって徐々にテーパーが付くように整形します。

丸みにテーパーを付ける

船首と同様に仕上げます

POINT
シーカヤックのあの見た目の美しさは細部の整形にあり、隅々まで手を抜かず丹念に作業をすることが大切だ。

How to make your only one "Sea Kayak"
シーカヤック自作バイブル

第 10 章　**船体のサンディングと仕上げ**

How to make your only one "Sea Kayak" シーカヤック自作バイブル

TECHNIQUE
サンディングは、デッキをペイントするのか、クリアー仕上げとするかで、手間の掛け方が違ってくる。

サンディング

　シアー、チャイン、キール、バウ、それにトランサムの整形（丸出し）が終わったら、カヤック全体のサンディングを行います。ハルのサンディングは、No.80の布ヤスリをサンダーに取り付けて、全体をぞぁーっと掛けるだけで十分です。

　デッキのサンディングは、デッキをペイント（着色）で仕上げるのでしたら、ハルと同様で構いませんが、クリアー仕上げを望むのでしたら、さらに一手間掛けます。No.80の布ヤスリの後、No.240を掛け、No.400で仕上げます。

No.400で仕上げ

デッキのエポキシコーティング

　デッキのみエポキシ樹脂コーティング（下地塗り）をします。エポキシ樹脂はエポキシシンナーで希釈すれば、スプレーガンでの吹き付けも可能です。

エポキシコート

ガラスクロスコーティング

ハル（船体）

　ハルは、この段階でも十分に強度を保っていますが、ガラスクロスを施工することで、強度と耐磨耗性は飛躍的に向上します。しかし、わずかながらも重量が増加しますので、デッキには施工しないことにします。

　ガラスクロスは薄い4オンスを使用します。このクロスは幅が75センチしかないので、1枚でハルすべてを覆うことができません。

　そこで、ガラスクロスの輪切り施工方式をお勧めします。バウからスターンまで一度に施工することは困難が多く、パニックに陥ってしまいます。これは輪切り施工でも十分実感します。

　この作業では、ローラーの使用はお勧めできません。シワが取りにくい上に、樹脂が均等に施工できません。樹脂の追い塗りは後の作業です。

船体へのガラスクロスのコーティング

①ガラスクロスを横方向に並べ7〜8センチ余分に切ります（ハサミ使用）。ガラスク

第10章　船体のサンディングと仕上げ

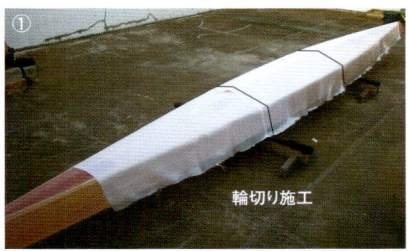

①
輪切り施工

②
マスキングテープ

③

④
樹脂の施工はシアー上端まで

ロスの無駄がなく、経済的です。
②シアーラインから下がっているクロスにマスキングテープを約10センチ間隔に張り付けます。この段階ではまだデッキ面に張りつけません。

③クロス中央から前後左右にハケでエポキシ樹脂（エポキシシンナーで若干希釈）を施工します。クロスのシワを均等に延ばしてゆきます。サイドパネルのシアーラインに近づいたら初めて順次シワが寄らないようにテープをデッキに張ります。
④エポキシ樹脂はシアーラインの丸みがデッキ面に溶け込む部分。ギリギリの位置までの施工とします。各クロス間の重ね合わせは行いません。段が生じてしまうからです。

バウ（船首部）とスターン（船尾部）

　バウやスターンのガラスクロスの施工は、文字どおりパッチワークそのものです。
　バウやスターンの先端はクロスの糸を使用して茶巾縛りでまとめ、テープで固定します。何でもありですが、重ね過ぎには注意しましょう。後のサンディングに手間がかかってしまいます。

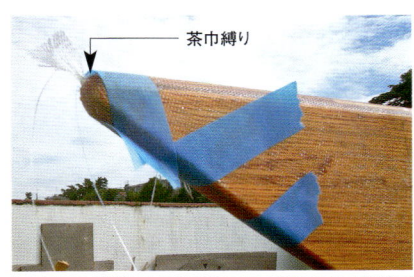

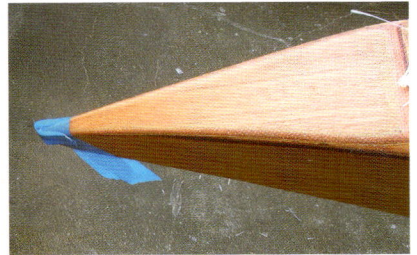

茶巾縛り

ガラスクロスの整形

　ガラスクロスの整形は、作業効率をよくするため、エポキシ樹脂ワンコートの薄い段階で行います。
　シアーラインは、次ページの写真のようにシアーの丸みがデッキ面に溶け込む位置で、鉄工ヤスリを使って擦り合わせます。

TECHNIQUE

ローラーの使用は止めたほうが無難だ。シワが取りにくい上に、樹脂が均等に施行できない。樹脂の追い塗りは後の作業になる。

How to make your only one "Sea Kayak" シーカヤック自作バイブル

TECHNIQUE
サンディングしてフラットにするハル、バウ、スターンのクロスが重なっている部分も、鉄工ヤスリの先端で簡単に削り取れる。これ1本で十分。

TECHNIQUE
コーティングはハケの方がよい。均等に塗布できるし樹脂量がコントロールしやすい。

合板デッキの木口をしっかり抱え込んでいる

この段階でデッキ面にハミ出して硬化してしまった樹脂も擦り合わせます。

これにより、何かとダメージを受けやすいシアーラインが、強固にカバリングされたことになります。

ハル、バウ、スターンのクロスが重なっている部分も、サンディングしてフラットに仕上げます。この作業も、鉄工ヤスリの先端で簡単に削り取れますので、これ1本で十分にこなせます。

エポキシ樹脂コーティング

ガラスクロスの整形、場合によってはクロス間の隙間は、マイクロバルーンパテで補修し、エポキシ樹脂コーティングを行います。

デッキ面のシアーにマスキングテープを張ります。マイクロバルーンパテの施工後であっても、硬化を待つ必要はありません。

夏期、気温が高い時にはエポキシシンナーで希釈すると、コーティングが容易に行えます。

塗布には、やはりハケに軍配が上がります。均等に施工ができるのと樹脂量がコントロールしやすいからです。コーティングの目安はクロスの三分の二程度が塗り込めた感じで十分です。

クロスの端から1mm内側

コーティング面のサンディング

デッキ、コーミング、ハッチベース、ハルをサンディングします、このサンディング作業は、No.80布ヤスリを取付けた電動サンダーがベターです。サンダー用にカットされているヤスリを購入する必要はありません。市販の布、耐水ペーパーは表がギザギザですから、裏からカッターで切り出せば作業がしやすくなります。

第10章　船体のサンディングと仕上げ

面以外のコーナー部やコーミングなどは、平らな木片にヤスリを巻いて手でかけましょう。サンダーでは削り過ぎてしまいます。

サンディングのコツは、どんな場合でも前後左右同数です。

全体がおおむね平滑になったら、終了です。地を出してしまわないように注意しましょう。エポキシは硬いので、根気のいる作業になります。

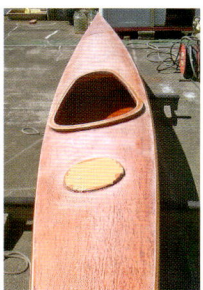

船体表面の仕上げ

サンディングシーラー（ウレタン系）

エポキシ樹脂のサンディングが終了したら、サンディングシーラーを全体に塗布します。この下地塗料は厚みが出しやすく、硬化が速く、研磨が容易で透明度が良好な優れものです。

混合比は1：1です。牛乳やジュースの紙パックの口を切り、内側に定規などで同量のマークを上下に二つ描き、これを目安に主剤と硬化剤を注ぎ、十分にかき混ぜ、ウレタンシンナーで希釈します。

サンディングシーラー

サンディングシーラーの施工は、スプレー吹き付けが理想的ですが、ハケ塗りでも十分機能します。気温が高ければ1時間もすればサンディングに取り掛かれます。

シーラーのサンディング（1回目）

1回目は、No.100布ヤスリをサンダーに取り付けてサンディングします。

サンディングの基本は、何度も言うように、前後左右均等回数です。このテクニックはフラット面でも曲面でも同様です。

電動サンダーによるサンディングは、デッキやハルの大きな面のみです。シアー、チャイン、コーミングなどは手で掛けます。小さな面はフラットな木片にヤスリを巻いて掛けます。前後左右の均等擦り合わせは同じです。

シアーやチャインのような丸みを持ったエッジは、手の平に丸みをつくり前後左右均等回数のサンディングを行います。

1回目のシーラーのサンディングでは、シーラーのほとんどを削り取るくらいでいいでしょう。これにより、エポキシコーティングの凹部はかなり埋まります。

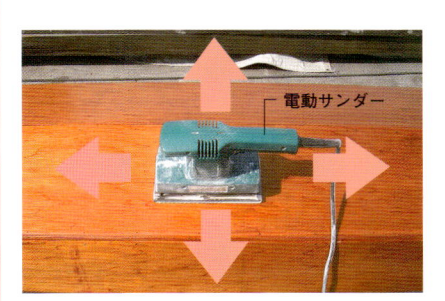

サンディングの要領は、前後左右の移動回数を同じにする

コーナーのサンディング

TECHNIQUE
サンディングは、どんな場合でも前後左右同数。エポキシは硬いので、根気のいる作業だから頑張って。

POINT
サンディングシーラーの研磨では、ベビーパウダーのような白い粉が発生するので、必ず防塵マスクを。研磨性がよいので削り過ぎに要注意。

サンディングシーラー
研磨性が良い下地塗料、短時間で良好な下地が得られる。透明性も良く、クリアー仕上げの下地にも適している。

シーカヤック自作バイブル

> **TECHNIQUE**
> クリアーで仕上げるには、No.400の後さらにNo.600でサンディングすれば完璧。サンディング面は濡れ雑巾できれいにふき上げる。

サンディングシーラーを研磨すると、ベビーパウダーのような白い粉が発生します。防塵マスクは必須です。研磨性が良好ですから削り過ぎに要注意。

レタリングの貼付

塗装の中に埋め込まれたレタリングは高級感が漂います、個性の発揮どころです。

1回目のサンディングが終了した時点で、レタリングシールを張ります。

レタリングを張る

2回目のシーラー塗布とサンディング

1回目のサンディングが終了したら、すぐ2回目のシーラーを厚目に塗布します。2回目はドライサンディングで、No.240耐水ペーパーで行います。サンドペーパー（紙ヤスリ）は一切使用しません。耐久性に劣るからです。サンディング方法はすべて同様です。

3回目のシーラー塗布とサンディング

3回目のシーラーコーティングをして、No.400耐水ペーパーでサンディングを行います。これで十分な下地ができあがります。

デッキをクリアーで仕上げる場合は、No.400の終了後、さらにNo.600でサンディングすれば完璧です。

サンディング面は濡れぞうきんできれいにふき上げましょう。

フィッティングの位置決め

最終仕上げ塗装を行う前に、艤装品の位置出しを行います。その理由は、
①サイドパネル（舷側）には、中心線やデッキビーム、前後バルクヘッド位置ラインが出ているので、容易に位置決めができます。
②位置出しのために付いてしまう小キズの修正が楽です。
③最終塗装の塗料がドリル穴に流入し、適切な絶縁が得られます。

以上の3つの理由から、この段階で艤装品の位置を出し、ビス穴を開けておくわけです。

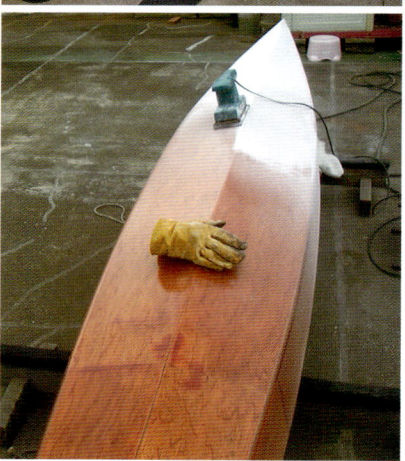

シーラーのサンディング

デッキアイ
埋め木の上で中心線を描く

ビスのパイロットホール

艤装品の取り付けには、ずん胴のタッピングビスを使用します。先にテーパー（先

第10章　船体のサンディングと仕上げ

細り）の付いた木ネジは、保持力が若干劣るので使用しません。材質はステンレスであることが必須です。

このビスを、デッキに直接ねじ込むと木部が裂けてしまいます。そこで、パイロットホールを事前に開けて置く必要があります。パイロットホールの径はビス径の70〜80パーセントが妥当です。3ミリ径のビスであれば、2.4ミリドリル歯が該当します。

各艤装品の位置はプラン図に示してありますが、自分好みにアレンジしてみて下さい。こだわる部分でもあるわけですから。

位置出しにはマスキングテープを張り、その上にレイアウトすれば、自由に配置変更ができます。位置が決定したらキリの先でリード穴を開け、ドリルで正確にパイロットホールを開けます。マスキングテープは市販品で十分です。

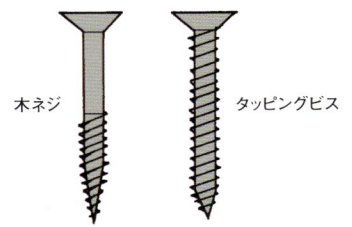

木ネジ　　　タッピングビス

仕上げ塗装の準備

ライン出し治具（既出）で、デッキ面のシアーラインを描きます。これによりデッキパネルやサイドパネルの合板木口は、すべて覆い隠せることになります。

船首及び船尾のコーナーは、塗料缶のキャップカバーを利用しました。これをラインにそろえ、定規にしてカッターで先端部の丸みを切り出しています。

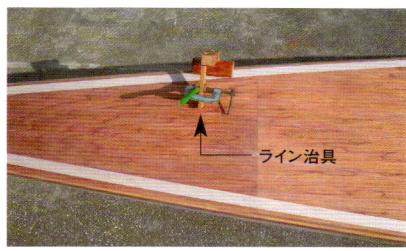

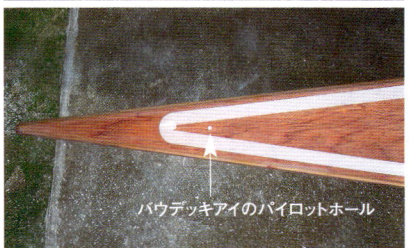

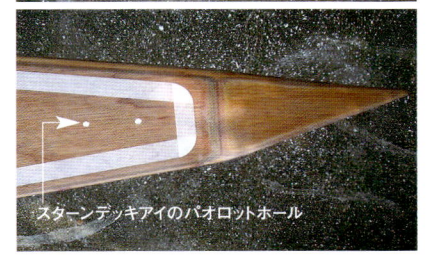

ライン治具

塗料缶のキャップカバー

バウデッキアイのパイロットホール

スターンデッキアイのパイロットホール

デッキ全体のマスキング

新聞紙などを利用して、隙間ができないように丁寧にデッキ全体をマスキングします。スプレーガンによる吹き付け塗装をす

TECHNIQUE

艤装品の取り付けは、ずん胴のタッピングビスを。先細りの木ネジは、保持力が若干劣る。材質はステンレスであること。

How to make your only one "Sea Kayak" シーカヤック自作バイブル

> **POINT**
> 仕上げの塗装を急いではダメ。一度に厚塗りをすると流れてしまう。塗装日和は、気温が高く、乾燥している日。

ると、非常に細かな隙間からも塗料が入り込んでしまいます。吹き付け塗装が理想ですが、ハケ塗りでも十分です。

ボトムの仕上げ塗装

　ウレタン塗料は、1：4の混合比です。牛乳やジュースの紙パックで調合します。パックの内側に1：4の比率をマークします。ウレタンシンナーを40パーセントぐらい加えて希釈します。ボトム塗装はパック四分の三くらいで出来ます。3回程度の重ね塗りをします。一度に厚塗りをすると流れてしまいます。

　気温が高く、乾燥している時が、塗装日和です。

コーミングと
ハッチベースの仕上げ塗装

　ボトムの塗装が十分硬化（24時間放置）したら、コーミングとハッチベースの塗装を行います。ボトムと同色で仕上げるのなら、ボトム塗装と同時に行うと、作業時間の短縮になるでしょう。

　コーミングは黒も見栄えはよいのですが、真夏の直射日光に当たるとさわれないほど熱くなるので、考えものです。

　マスキングの曲線は木片にボールペンを固定して、各部材の外周をトレースすればスムーズに描けます。曲線のきつい所は2ミリ幅のマスキングテープを使用して丁寧にマスキングします。

　写真の通り、コックピット内は最後にハ

第10章　船体のサンディングと仕上げ

コーミングとハッチベース以外のすべてをマスキングする

塗料を吹きつけ塗装する

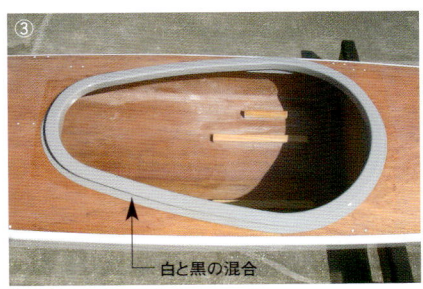

白と黒の混合

コーミングの塗装仕上がり

ハッチベースの塗装仕上がり

POINT
コックピット内は最後にハケで仕上げますが、塗料が付着しすぎても心配ありません。摩耗しにくくなるだけですから……。

ケ塗りで仕上げます。いくら塗料が付着しようが、耐磨耗性が向上するだけですから心配はいりません。

　クリアーウレタンも配合比は1：4、希釈も同様です。しっかりマスキングを行い、3往復程度で塗料皮膜の厚みを出します。

　これでコックピット以外の塗装は終了です。写真は正にこの状態です。

ピアノフィニッシュ（鏡面仕上げ）

　ピアノの表面のような最高級仕上げも、さして難しくはありません。ただ、根気は必要ですが……。

　ピアノフィニッシュにするには、No.800の耐水ペーパーで塗装面の水研ぎを行い、再塗装を行います。次にコンパウンドの細、極細、ワックスの順で磨き上げます。

How to make your only one "Sea Kayak" シーカヤック自作バイブル

> **POINT**
> カヤックはワンシーズンも乗れば小さな傷がつく。次のシーズン前に、再びNo.800の耐水ペーパーからコンパウンド使用までの塗装をしておけば、素晴らしく甦る。

クリアー塗装仕上げをしたデッキ（右は船首、左は船尾）

　こうすれば、あなたのカヤックは、ぴかぴかのピアノフィニッシュになります。
　ただ、カヤックはワンシーズンも乗れば小さな傷がかなり付いてしまいます。次年のシーズン前に、再びこのNo.800の耐水ペーパーからコンパウンド使用までの塗装をすれば、素晴らしく甦ります。

塗装の中に埋めこまれたレタリングが誇らしげです

How to make your only one "Sea Kayak" シーカヤック自作バイブル

第 11 章　座席の製作

How to make your only one "Sea Kayak" シーカヤック自作バイブル

POINT
この章の作業は、他の作業と並行して行う。説明文を熟読するように。

パーツの切り出しとデザイン

座席（シート）と背もたれ（バックレスト）のパーツのすべては、残り材から製作します。コクピットのくりぬき材のうち、バウ側はシートに、スターン側はバックレストになります。

シートは300ミリ×300ミリに切り、角を丸めます。バックレストは120ミリ×280ミリに切り出し、同様に好みに応じて丸めます。いずれのパネルも既に片面塗装済みで、適度なカーブが付いています。

バックレストのシャフトは、シアー材の残りから製作します。長さは自艇のビームに合わせてください。背中のカーブに合うように整形します。

シャフトの両端は、スイングするように丸く仕上げます。シャフトを固定して布ヤスリの両端を持ち、上下すれば簡単に丸棒ができます。

座席や背もたれは、ご自身のアイデアで自由かつ勝手に、お好きなように製作して下さい。

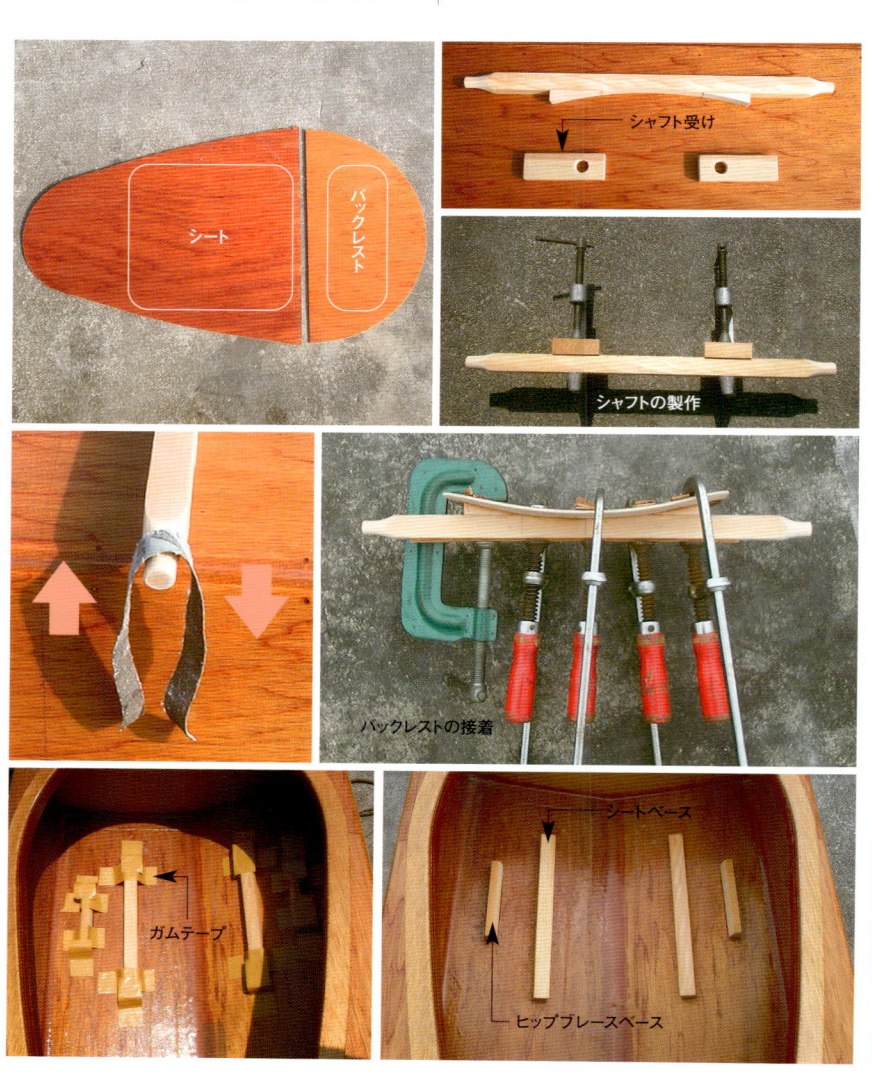

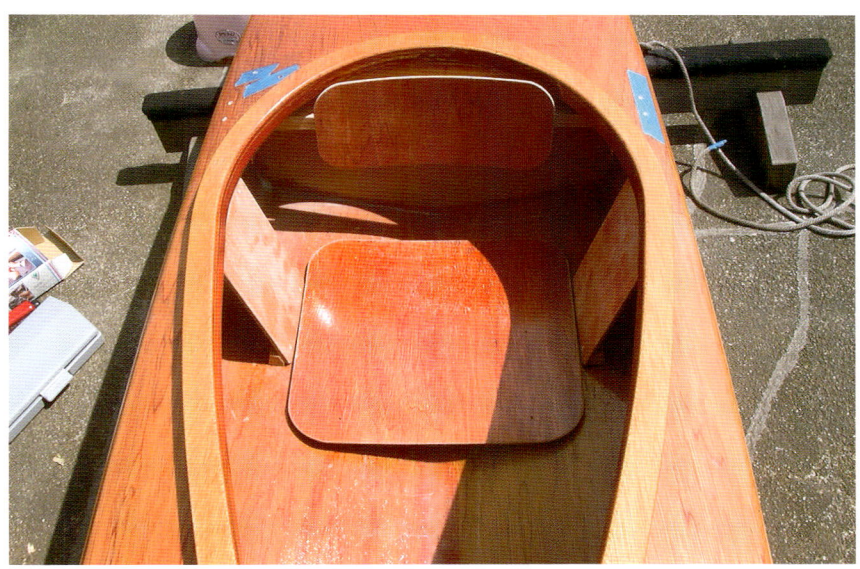

第11章　座席の製作

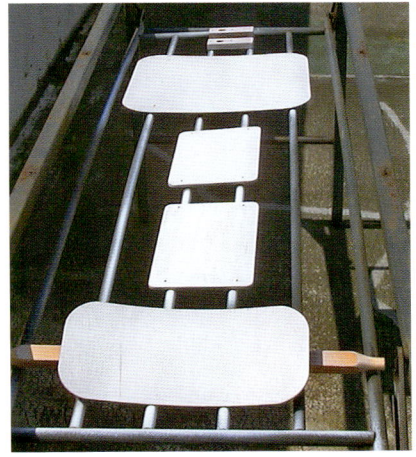

> **POINT**
> この艇に乗るあなたのヒップに合わせたコックピット内の構造は、文字どおり自作ならではの"オーダーメイド"。最後まで気を抜かないで完成させましょう。

シート、バックレスト、ヒップブレースを仮り組みした状態

　シャフトにバックレストを接着します。
　ボトムにシート及びヒップブレースの各受けを接着します。ご自身のヒップ幅を計測して位置決めをして下さい。完全なるオーダーメードです。接着はガムテープなどで硬化まで保持します。
　これらの作業は画一的ではなく、何らかの作業と並行して行います。

パーツのセットと塗装

　パーツ類はエポキシ樹脂コーティングをして、サンディング後に塗装します。この際、ハルの塗装に合わせて進めれば合理的です。

シートセット

How to make your only one "Sea Kayak"
シーカヤック自作バイブル

POINT
バックレストは、ショックコードでテンションを掛け、上方向に向けておく。

シート、ヒップブレースベースの調整

シートのベース（受け）は、シアー材の残りです。直接ボトムに接着し、後シートのカーブに合せます。

ヒップブレースのベースは、調整して角度を合わせ、それから接着します。

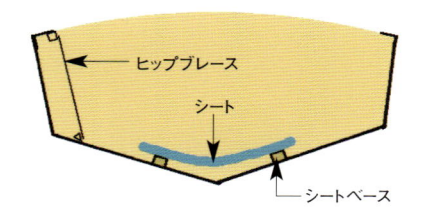

バックレストの組み立て

クッション材には、テントのマットや風呂場マットが流用できます。要は水分を吸収しないクッション素材であればよろしい。

クロスは、布地店で化学繊維（パラシュートクロス）を購入します。クッションとバックレストを包み込む大きさでクロスを裁断し、フチ取りをします。次に「ゴム通し」を周囲に付け、写真のように組立てます。仕立てはミシンの得意な人に応援を頼むと助かります。

シャフトの受けは、シアー材にタッピングビスで固定します（接着はしません）。

バックレストは下を向いた状態でお辞儀をしてしまいます。この状態で乗艇すると、お尻でバックレストを壊してしまう恐れがあるので、シャフトにショックコードを巻いて前方に固定します。この力でバックレストは強制的に上方を向いた状態になります。これは、両舷に設置するのが理想です。

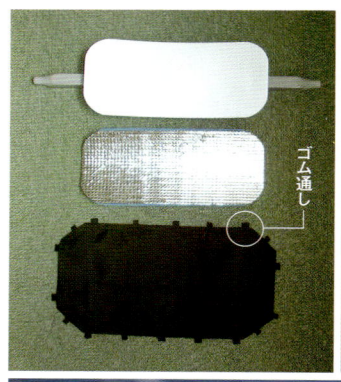

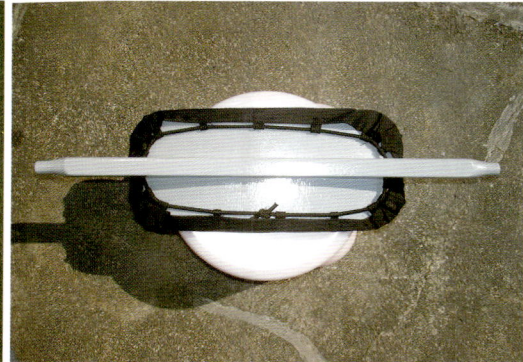

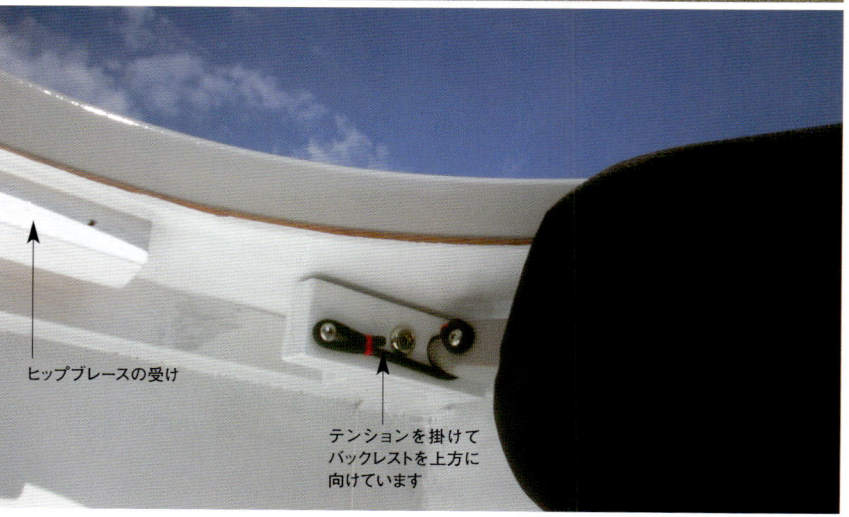

ヒップブレース
腰おさえ板、とでもいえばわかりやすいかもしれません。

第11章　座席の製作

シートの製作

　コクピット内は、シート類をセットする前に、ハケでウレタン塗装をしておきましょう。

　シートはベースに接着しないで、ナベ頭ビスで固定します。

　マットは2枚重ねが快適でしょう。下のマットには、尻の左右二つの凸部が当たる部分を斜めに細いカッターで左右2個所、丸くくりぬいておきます。こうすると、ホールド性が向上し、長時間乗っても尻が痛くなりません。

　クロスは、2枚のマットとシートを覆えるサイズにカットし、縁取りした後、ゴム通しを付けます。シートクロスにゴムを通し、2枚のマットをシートの上に置きクロスをかぶせれば仕上がりです。

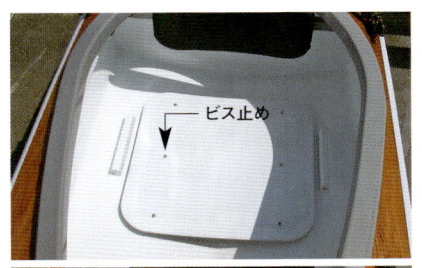

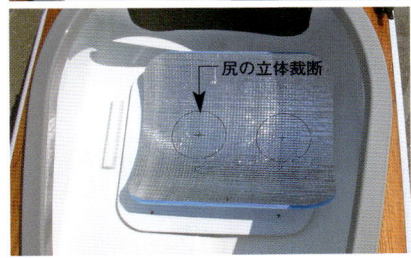

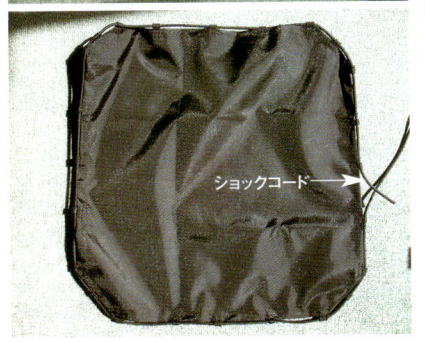

ヒップブレースの製作

　ヒップブレースは着脱式にしておきます。ナベ頭ビスで固定します。パッドはクロスにポケットを作り、ここにマットを入れます。両サイドにはマジックテープを縫いつけます。後は乗艇してから微調整をします。

　写真は、単に参考でしかありません。色々なアイデアを出し、快適で合理的なコックピットを製作してみましょう。

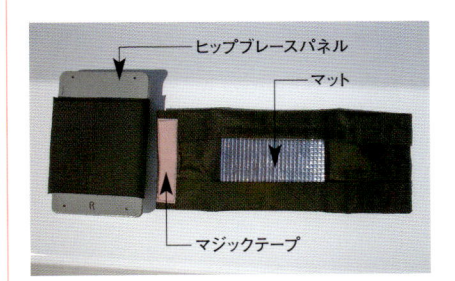

完成したコックピット内部

TECHNIQUE

シート下のマットの2個所の丸いくりぬきは、あなたのお尻の左右二つの凸部が当たる部分。長時間乗っても尻が痛くならないよう丁寧に。くりぬきにお尻がフィットすれば、ホールド性も向上する。

シーカヤック自作バイブル
How to make your only one "Sea Kayak"

TECHNIQUE
フットブレースは、発泡スチロールなどをガムテープでまとめ、フロントバルクヘッドに押しつけても問題はない。

フットブレースの製作

　フットブレースは、カヤックの重要なパーツです。パドルでこいだパワーは、このブレースを通してハルの推進力となります。従って、ブレースの位置はパドラーにフィットしていなければなりません。

　市販のフットブレースはその点、任意の位置に素早くアジャストできて非常に便利です。しかしながらフットブレースは、一旦位置が決まれば、その後はさしてアジャストを必要としません。さらに、市販のフットブレースは高価でもあり、重量もあります。

　固定式フットブレースは、その点軽量ですが、位置出しが難しく、不特定多数が使用する場合には問題が生じてしまいます。

　自作の場合、発泡スチロールなどをガムテープでまとめ、フロントバルクヘッドに押し付けても、何ら問題はありません。前後調整可能なアジャスターとなるフットブレースを自作しましょう。

　下図の形式で、5ミリ径の穴を10ミリ間隔で開けたベースを、フロントバルクヘッドと舷側に合うように調整して接着します。

　ベースを取り付ける位置は、足の踏み付け部です。ビーチサンダルなどをガイドにすれば、簡単に位置が出せます。

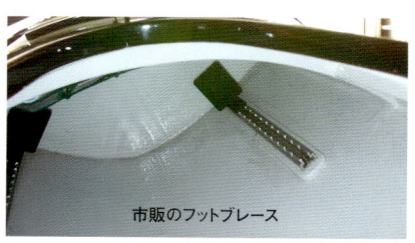

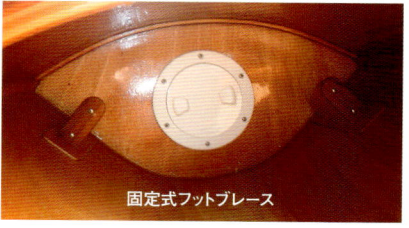

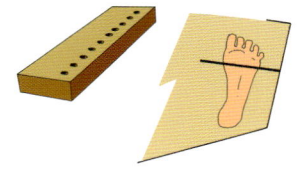

ペダルの製作

　ここでは、手持ちのチーク材を使ってペダルを製作してみました。材料は合板でも構いません。

　4ミリボルトを貫通させます。穴はキツメにして、エポキシ接着剤で固定し、これを蝶(チョウ)ネジでベースに固定すれば完成です。

　フットブレースを自作すれば、軽量に仕上げられ、しかも安上がりです。

市販のフットブレース

固定式フットブレース

フットブレースセット

オイル仕上げ

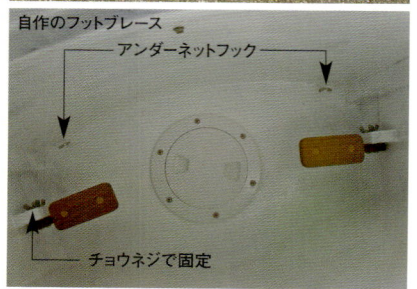

自作のフットブレース
アンダーネットフック
チョウネジで固定

How to make your only one "Sea Kayak" シーカヤック自作バイブル

第 12 章　**フィッティング（艤装）**

How to make your only one "Sea Kayak" シーカヤック自作バイブル

POINT
リフトグリップに使いたいゴルフクラブは、中古品を売るゴルフショップでも入手できる。

ライフラインやデッキコードなどの配置が一目で分かる。

リフトグリップの製作

リフトグリップは、バウ及びスターンに取り付ける取っ手で、カヤックの運搬時に使用します。

最もよい材料は、ゴルフクラブのカーボンシャフトです。これを切断して作ります。古いゴルフクラブは、手元になければ、ゴルフをする知人から使わなくなったクラブをもらっちゃいましょう。長さは拳幅で十分です。

不用のゴルフクラブ

グリップ部を切断

ロープを通す穴を2個所

超軽量リフトグリップ

固結び

ロープを穴に通して固結び

94

第 12 章　フィッティング（艤装）

てのビスは、パイロットホールにコーキング材（バスコークなどを代用）を埋めてからねじ込みます。これは、ビス穴からの水分吸収を防止するためです。木部の腐朽は金属の結露からも生じます。

ロープのフィッティング

ライフライン

　競技用リバーカヤックのように、下半身をシッカリとホールドしないシーカヤックは、転倒すると、パドラーは艇から簡単に放り出されてしまいます。濡れた手でカヤックのシアーライン（舷側）をつかもうとしても、つかめません。シーカヤックの舷側は、フェアーで手がかりがなく、つかめないのです。これは大問題です。そこでライフライン（それこそ命綱）を取り付けます。5ミリ径のシート（ロープ）をデッキ周囲に張るわけです。

　このライフラインは、コクピットを境に、バウ側及びスターン側に設置します。これで手がかりはバッチリです。

　ライフラインの端末は、デッキ上の前後いずれかのアイストラップに結び付けます。

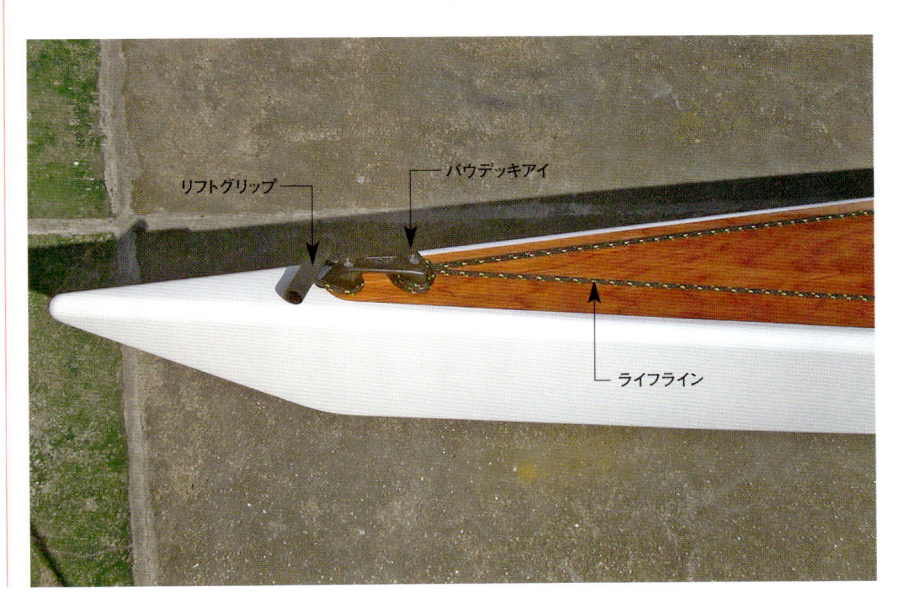

バウ＆スターンのフィッティング

　両デッキアイは、事前に埋木してある位置に、タッピングビスで固定します。すべ

> **TECHNIQUE**
> 木部の腐朽は金属の結露からも生じる。ビス穴からの水分吸収を防止するため、すべてのビスはコーキング材（バスコークなどを代用）を埋めてからねじ込む。

リフトグリップ　　バウデッキアイ

ライフライン

How to make your only one "Sea Kayak" シーカヤック自作バイブル

> **POINT**
> シートの材質は、浮くタイプを選ぶ。例えば「マストロン」などが適している。

> **POINT**
> クリートの二つの穴のいずれかは、デッキビームにビスで固定、他方は貫通ボルトとナットで固定する。

(写真上) デッキコード／セルフレスキューシート／ライフライン／クリート／アイストラップ

(写真下) ライフライン／もやい用クリート／デッキコード／バウライフラインを結ぶ

もしも沈したときのために、ライフラインは必ず付けておこう

もやいロープ

　もやいロープは、桟橋への係留や、他艇を曳航したり、自艇を曳航してもらう場合に使用します。

　バウアイ及びスターンアイから各1本、手ごろな太さのロープを、船首及び船尾から各コックピット周辺にリードして、クリート止めにしておきます。

　シートの材質は「マストロン」などの浮くタイプがベターです。浮力のないシートだと、何かの拍子に手放した場合、回収は不可能です。さらに海底に引っ掛かったら、大事件です。

　クリートは、セルフレスキューの邪魔にならず、後ろ手で扱える位置にボルト、ナットで取り付けます。クリートの二つ穴のいずれかはデッキビームにビスで固定し、一方は貫通ボルトとナットで固定します。

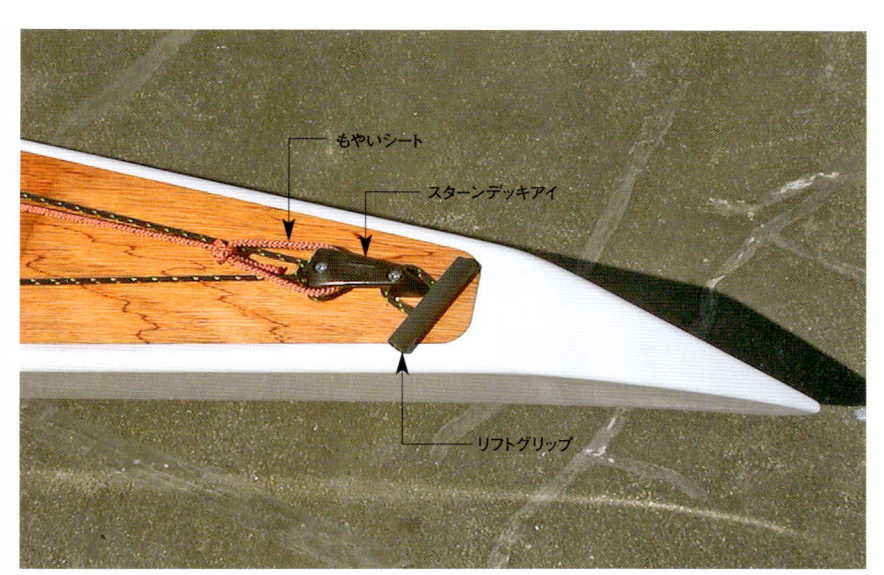

第 12 章　フィッティング（艤装）

> **POINT**
> 真夏の直射日光にあたると、気室内の空気はかなり膨張する。乗艇の前と後はハッチを開けて換気する。

もやいシートはバウ及びスターンからコクピット周辺にリードしておく

（ラベル：もやいシート／スターンデッキアイ／リフトグリップ）

スターンデッキアイに結んだもやいシートはクリートに結ぶ

（ラベル：クリート／もやいシート）

ハッチの取り付け

　ハッチ裏側の周囲に、コーキング剤を施工してから固定します。これで水密性は万全です。

　ビスはナベ頭タッピングビスを使用します。当然、パイロットホールにはコーキング剤を施工して、自動車のタイヤ交換のように均等にビスをねじ込みます。

コーキング剤で水密性を完全にする

97

How to make your only one "Sea Kayak" シーカヤック自作バイブル

POINT
沈すると、そのままでは再乗艇が難しいのがカヤックです。19ページの「セルフレスキューの実際」に、もう一度目を通して下さい。

真夏の直射日光にあたると、気室内の空気はかなり膨張します。乗艇前と乗艇後はハッチを開け換気しましょう。

セルフレスキューの装備

もう一度、念のため、カヤックは一旦ちん（沈）をしてしまうと、船型が細身ですからそのままでは再乗艇ができません。そこで一工夫。両舷のシアー材にクリートとアイストラップを貫通ボルト（ビスは不可）で固定します。アイストラップにロープを縛り、クリートにからめておきます。

デッキコード

各クリートと各アイストラップを利用して、デッキ上にショックコードを張ります。ここにパドルフロートなどをしっかり固定します。

デッキコード用のアイストラップは、シアー材に直接固定します。セルフレスキュー用と違い、それほどテンションが掛かりませんので、タッピングビスで固定します（コーキング使用）。

パドルリシュー用アイストラップ

パドルとカヤックを結び、パドルの流失を防止します。コイル状の市販品もありますが、細いロープでも十分です。これは必需品です。

リシューの長さは左右のパドリングの邪魔にならない長さです。長過ぎるとからみやすくなってしまいます。沈すると、体は艇から抜け出てしまいます。この時風が強いと、空になったカヤックは暴走してしまいます。

リシュー用のアイストラップはデッキ中央に設置します。3ミリの貫通ボルトと袋ナットで固定します。

ショックコード
伸縮ゴムヒモのこと。デッキに取り付けてパドルフロートや備品を固定する。

パドルリシュー
パドルの流失防止用の結束ライン。パドルに装着し、もう一方はカヤックに固定する。市販品もあるが、細いロープでも代用できる。

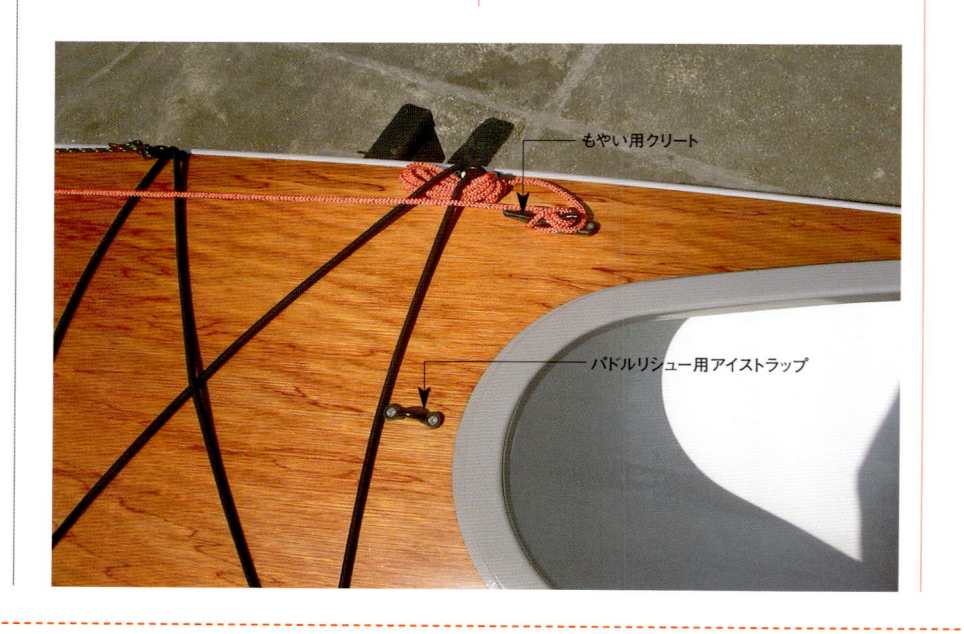

— もやい用クリート

— パドルリシュー用アイストラップ

How to make your only one "Sea Kayak" シーカヤック自作バイブル

第 13 章　パドルとスケグも作ろう

How to make your only one "Sea Kayak"
シーカヤック自作バイブル

POINT
パドル、スケグの材料は残り物の合板、これこそ自作の特権。

　カヤックを自作し終わったら、パドルも作ってしまいましょう。せっかくカヤックを自作したのに、市販のパドルの方が高くつくのではたまりません。
　今回は、最もシンプルな手法で製作します。ブレードは3ミリ合板、シャフトはシアー材が流用できます。

パドルの長さ

　パドルの長さには、特別な法則はありません。通常は、真っ直ぐに立ち、片手を真上に伸ばし、地面から中指の先までの長さが標準です。
　とりあえずこの長さで製作し、次回作ではいろいろとこだわってみましょう。

ブレードの製作

　写真のパドルは私自身のパドルです。ブレードに曲面を付けていますが、今回のパドル製作はフラットでいきます。
　3ミリ厚合板のブレードは、プラン図に

私のパドル。ブレードに曲面がつけてある。今回はフラットで製作する

Myアンフェザーパドル

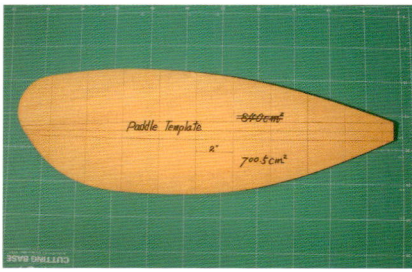

パドルの規範型

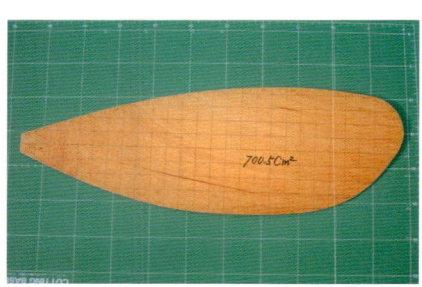

パドルのテンプレート

ブレード正面

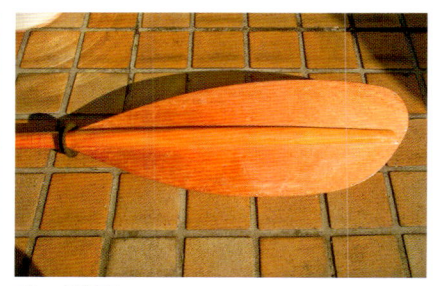

ブレード裏面

パドルフロート
カヤックが沈(転覆)した場合、再乗艇の足がかりにする。パドルフロートはハードなものと、空気を注入するソフトと2種類ある。パドル先端に装着し、もう一方はカヤックに固定する。

第13章　パドルとスケグも作ろう

実測で示してあります。コピーして合板に張り、2枚同時に切り出して下さい。女性や子供用なら、縮小コピーすればよろしい。

シャフトの製作

シャフトの出来上がり寸法は、25×28ミリ径です。製作には3種類の方法があります。

①一つの材から製作するもの＝両端に3ミリのブレードが挟まる溝をノコで切り出します。

②二つの材を組合わせる方法＝厚い材にブレードが納まる段を切り、2材を接着してブレード溝を作ります。

③三枚の積層＝中間層は当然3ミリ厚です。

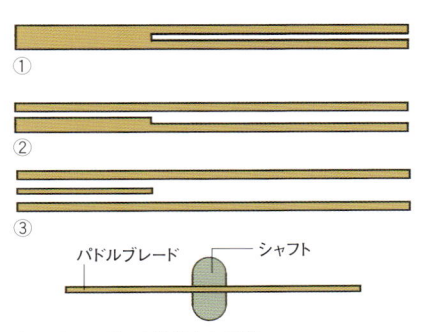

シャフトにパドルを装着した状態

ブレード位置のシャフトは、ブレードの先端に向かって先細り（テーパー）に仕上げます（ブレードの正面・裏面の写真参考）。

シャフトが仕上がったら、ブレードを接着します。4オンスガラスクロスでカバリングすれば完全ですが、なしでも結構です。塗装法はカヤック船体と同様です。

フェザー＆アンフェザー

利き手主導のフェザー（左右のブレード面の角度がある）タイプのパドルは、シャフトの中央をカットし市販のコネクター（2分割可、角度選択可）を使用します。

私は同一面のアンフェザーパドルです。その理由は、一つにはパドルの製作が容易な

フェザー設定のパネル

こともありますが、カヤックは典型的な左右均等な運動だと思っていますので、利き手主体のパドリングには疑問があるのです。

ステップアップして
スケグも自作

シングルチャインカヤックの船型は直進性、旋回性、安定性に優れたポテンシャルを発揮します。

しかし、軽量なパドラーが乗艇しますと、バウ及びスターンが浮き上がってチャインのエッジが利かず、バウを振ります。また、強い体力を持つパドラーが、レーシング用パドルで強烈に水をキャッチすると、エッジの限界を超え、バウは振られます。カヤックは、強い横風や斜め後方から強い風を受けると、バウが風上に向いてしまう自然現象を起こします。

この現象を簡単にいえば、カヤックの中心より後方に位置するパドラーに風圧がかかるから起きる現象です。この現象が現れると、パドラーは風上側のパドリングに専念しなければならなくなります。

以上の問題を解決するのが「スケグ」なのです。

このスケグは、サーフボードのフィンや弓矢の羽根、あるいは、飛行機の垂直尾翼

> **POINT**
> カヤックは、強い横風や、斜め後方からの強い風をうけると、船首が風上を向いてしまう自然現象を起こす。この問題を解決するのがスケグです。

How to make your only one "Sea Kayak" シーカヤック自作バイブル

POINT
スケグは、カヤックの"ダッチロール"を防ぐ機能を発揮する、パドラーの味方です。

と同じといえば十分理解できるでしょう。

いささか不穏当な例になりますが、群馬県の御巣鷹山に墜落した日航機は、この垂直尾翼の欠損が引き起こした悲劇です。

機体後部の圧力隔壁が破損し、噴出した空気圧が垂直尾翼を吹き飛ばしたのです。垂直尾翼を失った日航機は、水平方向のコントロールが利かず、尻を左右に振る「ダッチロール」状態に陥ってしまったのです。

このスケグは、とても簡単に製作できます。材料は余りものの合板5.5mmと、ガラスクロスとエポキシ樹脂、それにマイクロバルーンだけです。

取り付けたスケグが気に入らなければノコギリで切り取り、何度でも取り付けができる……、これこそ自作者の特権です。

さあ、次の工程順に従って、バージョンアップにトライしてみましょう。

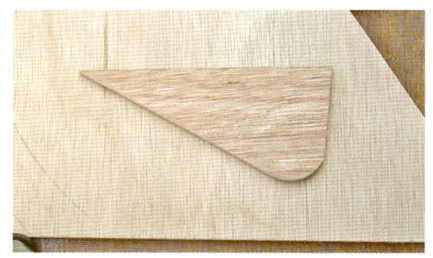

5.5mm合板から切り出す

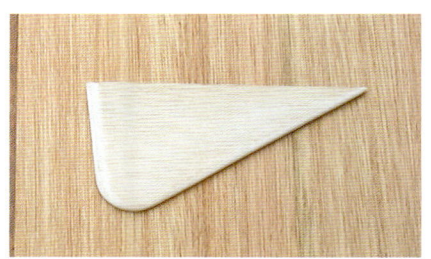

前縁を丸く、後端をエッジに整形する

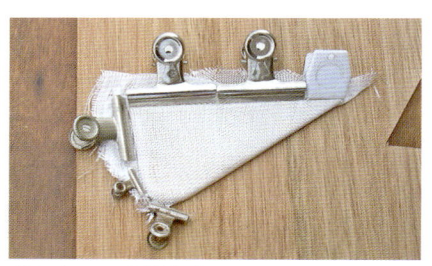

ガラスクロスで全体を覆う

鉄工ヤスリでカットし、サンディング

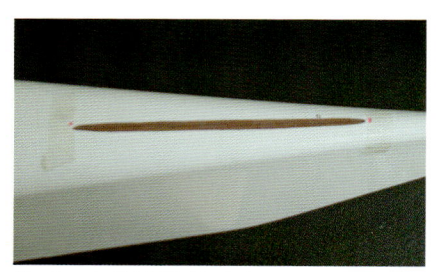

鉄工ヤスリで接着面を削り出す

フィンを接着。垂直に注意

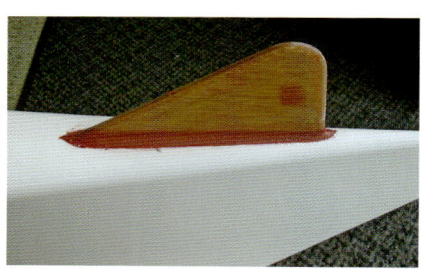

マイクロバルーンフィレットを切る

フィレットをサンディング整形する

第13章　パドルとスケグも作ろう

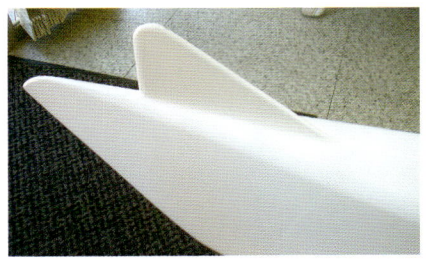

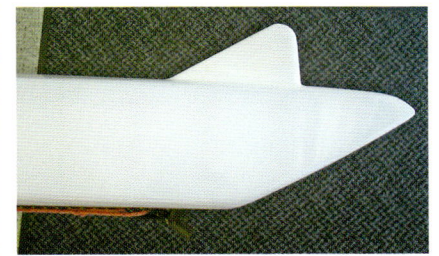

塗装すれば完成

お試し下さい

Column
カヤックをグループで製作する 尾道マリンテクノ

　グループでのカヤック製作を手伝ったことがあります。広島県尾道市の（財）尾道海洋学院日本海洋技術専門学校マリンテクノが、マリン分野における知識、技術の学習に加え、実艇の製作実習を取り入れたい、という趣旨で、私に実習指導の要請があったのです。

　異論のあろうはずはなく、早速尾道へ行き、11人の実習生を3班に分けて3艇、教師陣が1艇、計4艇のカヤックを製作することになりました。製作実習期間は、平成15年11月6日～12日の7日間でした。

　1日目はパネルのカットとスカーフ。実習生は、こんなペラペラの合板で本当にカヤックが出来るのかと、不思議がっていました。2日目は原図とカッティング、そして3日目からは各班単位の作業で、ボトム、ハルの組み立て、フィレット、ガラステープの施工へと進み、ペラペラ合板が堅固なハルになることを実感して、実習生の目が輝いてきました。

　4日目のコーミングの切り出し、パーツの位置出しまでくると、各班の中にも役割分担ができて効率があがり、5日目のシアーの調整などでは見事なアイデアを見せてくれる実習生もいて脱帽です。パーツを接着して4艇並ぶと、さすがに壮観でした。6日目は最終調整のあと、ハル内部のコーティング、デッキを張り、コーミングを開け、合板は堅固なカヤックになったわけです。

　そして最終日、ステッチを取り除き、実習生の見事な手ノコ扱いではみ出した合板をカット、設計通りにハルが仕上がりました。後は整形、グラシィング、塗装、艤装、そして進水！　です。

　実習生は頑張りました。わたし自身の勉強にもなりました。達成感とたしかな手応えは、今でも私の身体に残っています。

上／完成した3艇のカヤックを前にした実習生たちの、達成感を味わう笑顔が忘れられません
中／自作のカヤックを満足げに漕ぐ生徒たちの表情は、実に純粋でした
下／11人の実習生と共に手がけたシーカヤックの製作、得たものの大きさは、完成したカヤック以上のものがありました

余録

尾道マリンテクノは、マリンスペシャリストの養成を目的に、日本国中のマリーナをはじめボート・ヨットメーカー関連企業や、海洋スポーツ施設などマリン業界に稀有の人材を送り出しています。

カヤック製作の実習場は、尾道の対岸、瀬戸内に浮かぶ向島にあり、本四架橋の尾道大橋が架かり、ここを起点に因島などを経由して四国に至るのが「瀬戸内しまなみ街道」です。このあたり、まさにシーカヤック向きのロケーションでした。

How to make your only one "Sea Kayak"
シーカヤック自作バイブル

番外編
カヤック製作に必要な工具と、カヤック1艇分の材料と価格

シーカヤック自作バイブル
How to make your only one "Sea Kayak"

カヤック製作に必要な工具

製作を決意したら準備を開始する
- 牛乳やジュースの紙パック ……… エポキシや塗料の調合に使用します。50パック前後は使用します（別記）。
- アイスクリームの木ヘラ ………… エポキシ接着剤の施工に使用します。大小2種類入手しましょう（別記）。

廃材の入手
- 9〜12mmのコンパネ（合板） …… 幅20mmの一面が直線の合板。定規や、余分があれば馬（船台）を作ります。
- 垂木（たるき）数本 ……………… 馬や固定用の治具を作ります。
- 発砲スチロールのケース ………… 作業中の船台として使用します（2個）。八百屋さんなどで入手します。

エポキシ樹脂用道具
- 100g計量はかり ………………… エポキシ樹脂の調合には正確な重量比が求められます（別記）。
- B4程度の用紙 …………………… 裏面が白紙のチラシ等。エポキシ接着剤の調合に使用します（別記）。

スケール（定規）
- スケール（定規） ………………… 20cm、30cm、1mなど（金属性であればカッターの歯が食い込みません）。
- 建築用サシガネ ………………… おもに直角を描くのに使用します。大きな三角定規でも代用できます。
- 巻尺（コンベックス） …………… 長物の測定に使用します。5m前後が何かと便利です。
- みずいと（ナイロン糸） ………… テグスなど（使用例は別記）。熟練を要するから墨壺は使用しません。
- コンパス ………………………… ボールペンがセットできるタイプ。大きな円の場合は細い角材で自作します。
- 筆記用具 ………………………… 部材のマーキングには油性・水性のボールペンを使用鉛筆は不可。
- ノギス …………………………… あれば便利です。

固定用工具
※クランプの最大使用はコーミングの製作です、計16本あれば十分です
- L型クランプ ……………………… くわえ幅が自由にスライドします。高価ですが4本は用意しましょう。
- C型クランプ ……………………… 比較的安価です。10本は必要です。
- 端金（はたがね） ………………… L型クランプを長くしたもの。板同士の圧着に使用します。2本用意しましょう。
- ガンタッカー（MAX） …………… 手動木工用のホチキス。シアー材の固定等多目的に使用します。

切断のための工具
- 電動マルノコ …………………… 必需品ではありませんがあれば戦力になります。専用テーブルとセットで用意。
- ノコギリ（替え刃式） …………… これなくしてカヤックの製作はできません。「横挽き8寸目」がお奨め。
- 電動ジグソー …………………… コーミングのカッティングなどに威力を発揮します。歯は「木材挽引き回し切り」。
- カッターナイフ ………………… なにかと多目的です（大小2種類）。
- はさみ …………………………… ガラスクロスの切断に使用します。

削るための工具
- 電動鉋（カンナ） ………………… 必需品ではありませんが、あると便利です。
- 平鉋 ……………………………… 多目的に使用します。
- 反鉋 ……………………………… シアーのデッキ面仕上げに使用します。シアーには反りがあるので平鉋では無理。
- 砥石（中砥・仕上砥） …………… 人造砥石（トイシ）が安価ですが熟練を要します。

番 外 編

磨くための工具

電動サンダー	ぜひ欲しい道具です。サンディングペーパーは市販のペーパーから切り出します。
サンディングペーパー	布ペーパーNo.40、80、100。耐水ペーパーNo.120、240、400。各1枚あれば十分。
木工用鬼目ヤスリ(半丸)	万能ツールです。時間は掛かりますがこれ1本でシアーも仕上げられます。
木工用複目ヤスリ(半丸)	鬼目ヤスリの仕上げに使用します。
鉄工ヤスリ	ステッチした銅線のカット後の仕上げなどに使用します。
ベルトサンダー	あれば便利なツールです。スカーフのカッティングなどに使用します。

穴をあけるための工具

電動ドリル	購入するのであれば「充電式ドライバドリル」がお勧め。主に艤装で使用。
ドリルビット(鉄工キリ)	1、2、3、4、5mmと、0.8、1.5、1.8、2.8、3.8、4.8mmを揃えましょう。
四ツ目キリ	ドリルの下穴等に使用します。

銅線の結束及びカット用の工具

リードベンチ	先の平らなタイプ。銅線のひねり上げに使用します。
ニッパー	銅線のカットに使用します。

塗装用工具

コンプレッサー	塗装は吹き付けにはかないません。レンタルを考えましょう。
スプレーガン	重力式が使いやすいです。
ウエス	スプレーガンなどの清掃に使用します。
大刷毛	サンディングカスの除去などに使用します。
刷毛数本	安価なもので結構。エポキシの塗布に使用すると2回が使用限度です。
仕上げ用の刷毛	刷毛塗りで仕上げる場合。

その他

ノミ(15mm)	カヤック製作にはさほど使用しませんが、1本は用意しましょう。
金槌(中・小)	小はデッキ張りなどの仮止め釘の打ち込みに使用します。
ドライバー	艤装のビスに合うサイズ。
皮しき	柄が付いた金属のパテヘラ形状のもの。ステイプルの除去などに使用します。
5mm角の細角材(模型用)	コーミングなどの曲線を描くのに使用します。
マチ針(10本)	細角材で曲線を描く場合の固定に使用します。
防塵マスク	サンディングの際使用します。
コーキング剤	艤装品を取付ける際ビス穴に充てんします。水分の侵入を防止します。

シーカヤック自作バイブル
How to make your only one "Sea Kayak"

カヤック1艇分の材料と価格

材料表

材 料 名	数 量	単 価	総 額	摘 要
3mm厚合板（建築用完全耐水タイプⅠ）	4枚	710円	2,840円	ハル製作用
5.5mm厚合板（建築用完全耐水タイプⅠ）	1枚	980円	980円	コーミング用
スプルース材（20×25mm）延べ長	12m			材木屋相談

結束固定用材

材 料 名	数 量	単 価	総 額	摘 要
銅針金（直径1.2mm）#18番	20m	20円	400円	ハル組立用
こびょう（長さ19mm）極細釘	1袋	80円	80円	デッキ取付用
ステープル（ホチキス状の釘）	1箱	550円	550円	多目的
カリ止め釘（中） 1箱100本入り	2箱	280円	560円	デッキ取付用

エポキシ系

材 料 名	数 量	単 価	総 額	摘 要
エポキシ接着剤セット	1kg	2,650円	2,650円	接着の全て
エポキシ積層用樹脂セット	1.5kg	4,200円	4,200円	コーティング用
マイクロバルーン	300g	750円	2,250円	エポキシパテ用
ガラスクロステープ	18m	160円	2,880円	ハル補強用
ガラスクロス（カネボウ）4オンス	8m	630円	5,040円	ハルコーティング用
エポキシシンナー	2リットル	945円	1,890円	樹脂希釈用
ポリスポイト（10cc）	2本	525円	1,050円	樹脂計量用

塗料

材 料 名	数 量	単 価	総 額	摘 要
ウレタンサンディングシーラー	2リットル	4,400円	4,400円	塗装下地用
ウレタン塗料（全体一色仕上げ）	1.5kg	3,150円	3,150円	ハル塗装
ウレタンシンナー	2リットル	945円	1,890円	ウレタン希釈

消耗品

材 料 名	数 量	単 価	総 額	摘 要
布ガムテープ	若干			多目的
パテヘラ		250円	500円	
塗り刷毛（100円ショップ程度のモノ）	5本	100円	500円	
マスキングテープ（1cm幅）	3巻	100円	300円	
布ペーパーNo.40、80、100	各1	100円	600円	
耐水ペーパー No.120、240、400	各1	100円	600円	

カヤック製作費用（スプルース材別）　　概算36,710円

エポキシ樹脂の供給

　カヤックを自作しよう！　と思いたって、最初に突き当たる壁の一つが、エポキシや塗料関係の入手だと思います。大きなホームセンターでも、手に入りにくく、地方であればなおさらです。

　多くの方から入手方法を尋ねられます。また、入手できるにしても、必要量を小分けして購入するのは、非常に難しいのが現状です。

　そこで、供給メーカーにお願いして、カヤック1艇の建造に必要なセット（下の一覧表）を用意しました。ご注文に応じます（単品でも受け付けます）。カヤック自作に関する疑問、質問などにもお答えします。ご遠慮なく下記へどうぞ。

【妙義カヤック工房】
〒221-0065　神奈川県横浜市神奈川区白楽5番地の10
TEL: 045-433-9310　FAX: 045-433-9358
URL: http://www.geocities.jp/gkhyagi/kayak/kay-1.htm
E-Mail: gkhyagi@ybb.ne.jp
振込先：城南信用金庫六角橋支店
普通口座：322956　妙義カヤック工房宛

材料名	数量	単価	総額	摘要
エポキシ接着剤セット	1kg	3,410円	3,410円	接着の全て
エポキ積層用樹脂セット	1.5kg	4,950円	4,950円	コーティング用
マイクロバルーン	300g	750円	2,250円	エポキシパテ用
ガラスクロステープ（75mm幅）	18m	160円	2,880円	ハル補強用
ガラスクロス（カネボウ）4オンス	8m	630円	5,040円	ハルコーティング用
エポキシシンナー	2リットル	1,320円	2,640円	樹脂希釈用
ウレタンサンディングシーラー	2リットル	4,400円	4,400円	塗装下地用
ウレタン塗料（※クリアー）	1.5kg	3,150円	3,150円	ハル塗装
ウレタンシンナー	2リットル	1,320円	2,640円	ウレタン希釈
1艇分セット			31,360円	送料別

（価格はすべて税別表示）

※白色は4,000円　その他のカラーは各6,000円
※送料は1,000円
※価格の変動があるので乞うご連絡

あとがき

　カメラのシャッタースピードと絞りの関係で使用される言葉に、「相反規則」というのがあります。つまり絞りを開けると光が多く入るので、シャッタースピードを速める必要が生じる……というような関係に使われますが、分かりやすく言いかえれば「あちらを立てればこちらが立たず」といった、相反する状態を示すものです。

　この言葉はカヤックにも当てはまります。直進安定性と操縦安定性の関係です。つまり、直進性のよいカヤックは曲がりにくい、逆に曲がりやすいカヤックは直進性が悪い、というものです。

　シーカヤックは細長い船型ですから、基本的には直進性は良好なハズで、むしろ曲がりにくいのが特徴といえるでしょう。

　そこで登場するのが「ラダー」です。

　ラダーは、カヤックを機能的なフォルムに仕立て上げる魅力的な装備といえますが、このラダーにも、次のようないくつかの問題があります。

　まず、ラダー自体が抵抗体であることです。つまり水流に抵抗することによって進行方向を変えるのがラダーで、そのエネルギーロスは相当なものです。

　また、近海をパドリングしていると、浮遊しているポリ袋や海藻を引っ掛けやすく、気付かないまま、それらの浮遊物が抵抗になっていることも少なくありません。

　次に、キックアップを忘れてランチングして、ラダーを壊してしまうことがよくあります。これはうっかりミスかもしれませんが……。

　最後に、ラダーセットはかなり重く非常に高価です。これは、大変重要なことです。

　以上のような理由から、ここに紹介する自作カヤックには、ラダーは使用していません。

　シングルチャインカヤックには、相反規則は当てはまりません。なぜなら、このカヤックには、キール、両舷のチャイン、計3本のエッジがあります。これが水をつかみ素晴らしい直進性を示すからです。そして、カヤックを傾けるとチャインが効いて、スムーズなターンが可能なのです。カヤックはシングルチャインに限ると思っています。

　ラウンドボトム艇とシングルチャイン艇を比較すると、圧倒的な浮力差があります。この差は非常に大きく、十分な安定性が得られます。従って、ビームを細く設定できるため、スピード性能が飛躍的に向上します。

　では、これほど高性能なシングルチャインカヤックが、なぜ市販カヤックに少ないのか──。

　その答えは簡単、FRPはガラスクロスと樹脂の複合材です。ガラスクロス自体に形成能力はありませんが、樹脂と複合すれば形成可能です。従って、ラウンドによって強度を出さざるを得なくなり、フラット面は不得意（厚目の積層になってしまう）なのです。

　その点、合板の強度は高く、とりわけ合板3層のうちの中間層が横方向の強度を受け持っていて、超軽量です。

　このような理由から、カヤックはシングルチャインに限ると判断しました。

　是非皆さんもこの高性能を堪能し、充実したカヤックライフをエンジョイしてください。

　タンデム艇、分割艇の製作のしかたには触れませんでしたが、構造こそ多少違え、作業の基本は同じです。この本で紹介したカヤックを1〜2艇作って、腕に自信が出てきたら挑戦してみてください。カヤック自作の醍醐味を、たっぷり味わえると確信しています。

2010年2月　八木牧夫

シーカヤック製作中の筆者

シーカヤック自作バイブル
How to make your only one "Sea Kayak"

2010年4月26日　第1版第1刷発行
2018年1月16日　第1版第3刷発行

著　者　八木牧夫
発行者　大田川茂樹
発行所　株式会社 舵社
〒105-0013　東京都港区浜松町1-2-17
ストークベル浜松町
TEL.03-3434-5181（代表）
TEL.03-3434-4531（販売）
FAX.03-3434-2640

写真　八木牧夫、舵社
イラスト　国方成一
装丁・デザイン　熊倉 勲

印刷　図書印刷株式会社

Ⓒ Makio Yagi 2010, Printed in Japan

定価はカバーに表示してあります
無断複写・複製を禁じます

ISBN978-4-8072-5016-5